女人最好的状态，应该是活得清醒自在，活得美丽优雅。

只要你的人生不设限，就能拥有无限的可能性。

预见·
人生才不会迷茫

紫 鑫◎著

北京时代华文书局

图书在版编目（CIP）数据

预见：人生才不会迷茫 / 紫鑫著 . -- 北京：北京时代华文书局，2019.6
ISBN 978-7-5699-3009-2

Ⅰ . ①预… Ⅱ . ①紫… Ⅲ . ①成功心理—通俗读物 Ⅳ . ① B848.4-49

中国版本图书馆 CIP 数据核字（2019）第 063317 号

预见：人生才不会迷茫
YUJIAN：RENSHENG CAI BUHUI MIMANG

著　　者 | 紫　鑫

出 版 人 | 王训海
责任编辑 | 徐敏峰　周海燕
责任校对 | 姜锦赫
装帧设计 | 小　信
责任印制 | 刘　银

出版发行 | 北京时代华文书局 http://www.bjsdsj.com.cn
北京市东城区安定门外大街 136 号皇城国际大厦 A 座 8 楼
邮编：100011　电话：010 - 64267955　64267677
印　　刷 | 三河市嘉科万达彩色印刷有限公司
（如发现印装质量问题，请与印刷厂联系调换）
开　　本 | 787mm × 1092mm　1/32　印　张 | 6.5 彩插 16 面　字　数 | 100 千字
版　　次 | 2019 年 7 月第 1 版　　印　次 | 2019 年 7 月第 1 次印刷
书　　号 | ISBN 978-7-5699-3009-2
定　　价 | 58. 00 元

推荐序

当女人遇上咖啡，会有怎样的际遇？

她的纤白素手，轻触咖啡杯的温热；她缓缓低头，轻嗅咖啡的缕缕醇香。

她懂咖啡的含义——无论是直白的美式咖啡，柔和细腻的拿铁，还是包容可人的摩卡。

每一杯咖啡，都有不同的味道；

每一个女人，都有自己的风华。

当女人爱上国学，会浸染出怎样的美？

她穿上旗袍，坐在屏风背后，只露出婉约的身影。

她品鉴古人的智慧，思想在天地间游弋，最后找到了真正的自己。

她不用铜钱和龟甲占卜，却知命运的深不可测，为他人指点迷津。

她就是紫鑫。

一个游走在创业和传统文化之间的跨界典范。

一个经营咖啡又热爱国学的女人。

——赵秀彦　爱彤文化 CEO

（微信号：1015267754）

自 序

女人最好的状态，应该是活得清醒自在，活得美丽优雅。

女人做事业不难，但若要拥有开阔的眼界与格局，却不容易。面对人生的起落，命运的无常，你会选择画地为牢，等待命运的审判，还是相信自己，与命运抗争到底呢？

有人习惯于自我设限，在真正去做一件事情之前，就在自己心里设置各种障碍。

其实，人生最大的敌人并不是别人，而是自己。

我喜欢读《易经》，不是将它当成占筮之书，而是哲学著作。

有朋友很不理解地问："你做咖啡做得好好的，为什么还要花时间去研究玄学上的东西？"我总是微笑回应："我觉得它更接近于哲学，一面是象数，一面是义理……"

正如占卜的本意，不是为了追寻命运的轨迹，而是对已知的信息进行选择，趋吉避凶。

在我迷茫之时，《易经》会变成一位智慧的长者，为我指点迷津。我虽相信他的指引，却也将命运牢牢紧握在自己手中，不关乎阴阳，无所谓象数，人生从不设限！

画地为牢的人会把问题看得无限大，从而使自己没有能力去解决它；懂得突破自我的人，却从不会给自己设限，再大的问题在他们看来都是小事。

生存的第一大难题，就是克服自我心理障碍。

如果你连克服自身障碍的勇气都没有，又如何去战胜其他障碍呢？当你顺利跨越这一道阶梯之后，自然拥有了发展的动力及能力，这也是把梦想变为现实的首要条件。

女人应该有自己的梦想，因为心中有梦想，青春才不会迷茫。

女人应该鼓起勇气做自己，趁势而为，在最美丽的年华，做最疯狂的事情。

女人应该成为美的代言人，用形象征服男人和世界。

女人应该活得有趣，不仅要好看的皮囊，更要有趣的灵魂。

女人应该迈出优雅的步子，一举一动，一颦一笑，都透露出迷人的气质。

女人应该有自己的事业，在时代的潮流中游刃有余，乘风破浪。

女人应该拥有跨界的人生，在不同的领域留下自己的风采……

只要你的人生不设限，就能拥有无限的可能性。

有一句话叫做“自己才是生命的主宰”。这个世界上没有人约束你成功，很多时候都是自己画地为牢。自己的人生是怎样的情形，很多时候可以通过自我暗示来掌控。

在时代的残酷竞争中，假如你画地为牢，总是背着沉重的枷锁生活，总是在扼杀自己的梦想与欲望，那么永远都只能卑微、懦弱地活着。相反，假如你能够勇敢突破自我设限，就能够不断超越自我，成就卓越。你将成为怎样的人，完全取决于你认为自己能成为怎样的人。

我的人生在预见中走来，所以我活得清醒自在，活得美丽优雅。

——紫鑫（微信号：zixin9939）

2019年2月

目录
contents

Part1 成长：心中有了梦想，青春才不会迷茫

你的迷茫，是心中没有梦想 \ 002

不奋斗，不吃苦，要青春干吗 \ 005

别怕成长为一个强硬的姑娘 \ 009

驱除不切实际的幻想：仰望星空，脚踏实地 \ 013

青春可以不堪，但梦想绝不能 \ 017

在最无畏的青春里闪闪发光 \ 021

你若盛开，清风自来 \ 025

Part2 勇气：趁势而为，人生不设限

你的勇气，价值千万 \ 030

拼颜值就能赢，为什么还要去拼命 \ 035

每个人都可以创造无限可能的人生 \ 039

没有退路，未尝不是一种幸运 \ 042

命运靠自己转弯 \ 046

每个开挂的姑娘，都曾努力到踉跄 \ 050

Part3 形象：颜值时代，你的脸就是竞争力

女人爱美是优点，不用改 \ 054

衣服是女人的第二张脸 \ 057

奢侈品不等于漂亮，合适才是最重要的 \ 061

巧施粉黛，掌握妆容的关键细节 \ 064
闻香识女人，正确使用香水 \ 068
令你风姿绰约的仪态礼仪 \ 072

Part4 志趣：既要好看的皮囊，又要有趣的灵魂
永远别放弃做一个有趣的人 \ 078
活得有趣，才能活得出彩 \ 081
幽默是最高级的情商 \ 085
你要雌雄同体，才能无往不胜 \ 090
女人越自律，活得越高级 \ 093
你是在旅行，还是在给自己找罪受 \ 097
偶尔放纵一下自我会令你更年轻 \ 102

Part5 优雅：世界癫狂，我心从容
勇敢做自己，不被他人所左右 \ 108
不完美，才美 \ 112
即使生气，也要美美的 \ 116
看别人不顺眼，可能是你修养不够 \ 120
停止抱怨，更容易获得成功 \ 124
会独处的女人，活得都很美 \ 127

Part6 人际：请和比你努力的人在一起
你的美貌，不敌你的热闹 \ 132

和什么样的人在一起，你可能就会成为什么样的人 \ 135
千万不要迷信“一切靠自己”\ 140
将有影响力的大人物拉到你的“朋友圈”\ 144
请放弃你的无效社交 \ 147
你没有必要对所有人都“一视同仁”\ 152
及时升级你的朋友圈 \ 156

Part7 创业：她时代，Enjoy yourself!
创业，女人明白要趁早 \ 162
克服偏见与非议，用努力证明自己 \ 166
如水般的包容与韧性 \ 170
创业就像跨栏，不断跨过它，而不是绕开它 \ 174
向“网红”学创业 \ 176
跳出情感带给创业的“困境”\ 179

Part8 跨界：世间最美的艳遇，是遇见另一个自己
人生就是一场跨界的“艳遇之旅”\ 184
每个决定，都是当下最好的选择 \ 188
跨界就是突破自我，遇见更好的自己 \ 192
别怕落差感，它会升华你的人生 \ 196
跨界，社交思维是关键 \ 201
跨界，往往最有机会诞生创新 \ 205

Part 1

成长：心中有了梦想，青春才不会迷茫

青春只有一次，短暂而珍贵；青春就像一条河，人人都是摸着石头过河，也许沿途会有礁石、有风浪。在这短暂的青春中，也许会迷失方向，会感到迷茫，而迷茫大多来源于没有梦想。人生在世，要坚定信念，明确目标，心若在，梦就在，跟随自己的内心，追寻属于自己的天地。青春的真谛，就在于艰苦奋斗，实现自身的价值，成就自己的梦想，青春必定无比绚烂。

你的迷茫，是心中没有梦想

有人说，咖啡馆就像城市里的心灯，会照亮行人的去路，让迷茫的人找到自己的方向。

我也是一个爱喝咖啡的人，无论到哪座城市，都会去那里的咖啡馆坐坐，约朋友聊天谈心，或者一个人看看书，享受安静的独处时光。有时，一坐就是一个下午……

一次去北京出差，应朋友之约来到“漫咖啡”，瞬间就爱上了那种氛围。

朋友满脸笑意，在一旁介绍说：“你看这家咖啡馆的装修如何？喜欢那些东南亚风格的灯饰吗？这里还有你最喜欢吃的甜品草莓布丁，怎么样？喜欢吗？”

我点了点头，指着桌子上的绿萝说：“我喜欢这种绿色，在灯光下油油发亮。”

朋友一愣，尴尬地笑了：“我知道你最近很迷茫，但是总不能一直被公司里的事困扰啊！你看你，年纪轻轻，事业有成，有什么好迷茫的呢？”

我摇了摇头说：“我没有迷茫啊，我是真的喜欢这里。”

当时广告公司遇到一些难题，但还不至于让我烦恼。迷茫却是真的。

刘同说过，谁的青春不迷茫呢？当时我刚从华北传媒毕业，和朋友合伙开了一家广告公司，在事业上小有成就，但总有那么一瞬间，迷茫到死，感觉世界一片虚空。

很多人在青春时，都曾有过这样的迷茫：人是从哪里来的？又要到哪里去呢？人活着到底是为了什么？或许穷尽一生的智慧，都只是在思考和寻找答案，而没有活得内心清明。

《苏菲的世界》里有一个很经典的问题：一个又一个的事物，证明了一个又一个的存在。存在的意义，就是为了证明什么——如果世界一片安宁，甚至一片废墟，没有生命创造事物，就会觉得毫无乐趣。你每天经历很多事情，不觉得很有意思吗？

当一切都变成虚无，连烦恼都失去了意义，这时人生的苦闷也变得异常美好。

我将心中的迷茫说给朋友听，朋友瞪大了眼睛，半天吐出一句话：“你想得有点多！”

我承认自己“想得有点多”，这个“缺点”是从小养成的。小的时候，父母苦心经营事业，无暇顾及我的童年生活，甚至没有时间照顾我，我是在姥姥家长大的。

那时候我特别羡慕别人家的小孩，有父母陪伴，有可爱的玩偶，还有吃不完的糖果布丁。

姥姥虽然疼爱我，但年龄大了，很多事情还是要靠自己，这也让我早早养成了独立自主的性格。我从小就爱思考问题，很多问题没有找到答案，就变成了我的迷茫。

后来经历多了，就将经历化为思考，在自己的经历和别人的经历中找到很多问题的答案。在思考的过程中，慢慢发现自己喜欢的东西，然后坚持下来，迷茫便越来越少了。

青春时光，很多人都喜欢仗着年轻横冲直撞，却又无比彷徨。其实很多迷茫，仅仅是因为心中没有梦想。人生如远涉，并不是没有尽头，而是没有方向。当你紧随自己的梦想，走一段路，遇一些人，看一处风景，得失之后，获得的便是一种淡然处世的心境。

梦想就像一束阳光，在它的照耀下，寂静的山谷里也会百花盛开，平凡的人生也会光彩照人。有人迷茫，仅仅因为心灵的颓废，希望的丧失。其实，漫漫人生并非没有尽头，要相信人生酬业、因果循环——你的付出总会有回报，你坚持走的路总会闪闪发光。

青春和迷茫如影随形，但是只要心中有梦想，就不会失去前进的方向。

那天在“漫咖啡”，我再一次思考：自己的梦想是什么？自己的方向正确吗？

我对朋友说了自己的迷茫，却没有说自己的梦想。

2012 年 10 月，我投资的第一家“漫咖啡”在山西开业，那也是我为梦想踏出的第一步。开业的第二天，我独自一人走进自己的“漫咖啡”店里，点了自己最喜欢的草莓布丁。咖啡馆是另一个小世界，那里时光缓慢，灯光柔和，很适合迷茫的人找寻自己的方向。

每个人都需要这样的安静时光，与自己相处，找寻自己的梦想。

不奋斗，不吃苦，要青春干吗

青春是一场繁华的焰火，炫目的光芒点燃了青葱的岁月，短暂的韶华最不能辜负。

前段时间在网上看到马云的一段话：“当你不去旅行，不去冒险，不去拼一份奖学金，不过没试过的生活，整天挂着QQ，刷着微博，逛着淘宝，玩着网游，干着我80岁都能做的事，你要青春干吗？”虽然我已经过了繁华似火的“青春期”，但还是感触挺多。

谁没有过那样的锦瑟年华呢？只是有人蹉跎了岁月，有人却把岁月活成了珍珠。

青春时光美好而短暂，你最应该思考的是如何有价值、有意义地度过——热爱美好的光阴，让每一分、每一秒都不虚掷；在苦闷时学会忍耐，历经寒暑风霜，百炼成钢。

人生百味，苦与乐都值得珍惜，既不乐极生悲，也不怨天沉沦。

无论什么样的经历，都会让你对生活、对人生有更深刻的理解和感悟。

我在开漫咖啡的时候，也遇到一些十分繁琐的事。不过，我没有将这些琐事当成吃苦的经历，而当成一种历练，反而觉得自己比较幸运。

那时在太原开了第一家漫咖啡，大概一千平方米左右，投资好几百万元，这些钱对于一个“小女孩”来说算是大手笔了。起初朋友们都不支持，认为肯定会赔钱，毕竟那时候太原很少人喝咖啡。但我组建的创业小团队，大多都是年轻的九〇后，青春飞扬，创意十足。在这帮“小朋友”的共同努力下，漫咖啡开业的第一天，营业额就超过了预期，之后每天都保持上升，去漫咖啡也渐渐成为一种时尚，太原的帅哥美女都喜欢来漫咖啡闲坐、聊天、看书，或者自拍。

此后，漫咖啡发展迅速，每年新增一家分店，到现在太原地区已经开有五家店。

我从来没有将事业上的小成功归于自己，这份成功是我们创业小团队共同努力的结果。这些年轻的九〇后真的很努力，他们也没有辜负自己的青春。在他们身上，仿佛有挥洒不完的活力。

团队里有一位小伙子名叫周博林，同事都叫他“帅博”，其实他长得并不帅，不是那种靠颜值吃饭的男生，但他的行事作风很帅，每次团队里的任务他都能快速而漂亮地完成。

帅博来自农村，小时候放过羊，没有什么背景，全靠自己的努力考上大学。大学里的学费和生活费靠的是奖学金和兼职，毕业后做过家教和推销员，随后辗转来到漫咖啡，成为团队里的一员。短短两年的时间，通过自己的勤奋和努力，从普通服务员打拼，晋升为一跃分店店长。

一段平凡的奋斗之路，说来也算是人生赢家了，可帅博自己并不这样认为。

每次朋友聚会，当有人夸他帅，夸他是有为青年时，他总是会说:“还差得很远！”

朋友不理解，认为他是过于谦逊，或者目标过于远大了，他却平淡地说道:“我身边优秀的人太多了，他们随时都在提醒我一个事实——自己拥有的并不多！”

在帅博成为漫咖啡分店店长后，手上有了一些存款，计划着想买一辆车。

那天，他随手在同学群里发了一句话:“想买一辆车，大家帮忙推荐一下车型呗！”

群里马上有人响应:“买奔驰吧！”“还是宝马比较高大上！”“宾利也不错吖！”

群里讨论的人和帅博不一样，他们是富二代、官二代，而帅博是穷小子。

大家讨论得热火朝天，帅博却像局外人一样不知所措，默默地删掉那句没来得及发出去的信息:“预算在十万元左右……”

从大学到工作后，帅博结交了不少朋友，其中不乏家底殷实的富二代、官二代。

起初帅博认为，朋友之间没有太多“贫富之别”，后来却发现彼此之间的差距真的很大。别人开的是豪车，住的是豪宅，旅游去的是欧洲，自己努力奋斗一辈子的积蓄，可能还不如别人名下黄金地段的一套房产，或者别人父母给的一张支票……

每次想到这些，帅博都会感到很失落，连蓬勃的上进心都渐渐沉寂了。

一次公司会议结束后，帅博找我聊天，他问我："如果自己奋斗一辈子所获得的，还不如别人生下来就拥有的，那奋斗还有什么意义呢？"

我说："人生活的不是物质，而是价值，就像富人捡到一百万可能并不会很开心，穷人捡到一百块却开心得手舞足蹈。拥有多少的物质，和产生多少价值，是不一样的。"

帅博吸了一口气，然后缓缓地吐出来，如释重负一样。

我笑着说："你总是仰望别人，认为自己还差得很远，其实很多人也在仰望你，把你当成他们的奋斗目标。这种仰望是努力奋斗的动力，也是人生应有的朝向，不是吗？"

帅博点点头，也笑起来："我已经很努力了，也会继续努力的，毕竟我是帅博，不能怂！"

我很欣赏他，也认为他很"帅"，这种帅气属于青春，更属于不知疲倦的奋斗者。

在应该吃苦奋斗的年纪，就不要轻易选择安逸，否则你将错过很多稍纵即逝的机会，就像错过心爱的人，错过末班车，错过人生最美好的风景。虽然你一生奋斗所获的东西，可能不如别人生来就拥有的，但是你所创造的价值却能远远超过别人。

因为奋斗带给你的，是不断拓展的世界，是越来越宽广的人生格局。

别怕成长为一个强硬的姑娘

谁说姑娘一定要美丽大方，一定要温柔婉约，一定要恪守标签，活得像个被别人操控的木偶一样？

生活平静如水时，你可以活得温柔而优雅，可当生活突起狂澜时，你就要让自己变得强硬起来，什么挫折困难、流言蜚语，都视如过眼云烟。

这并不是“女汉子”才有的气魄，而是外柔内刚的真女子。

小时候，姥姥经常对我说，姑娘应该如何如何，姑娘应该怎样怎样。孩童时期可能会尽量恪守这些“本分”，青春期过后自我意识渐渐成熟，有了自己的想法，便开始坚持自我。

我不喜欢活在别人的评价中，更不会因为别人的非议而放弃自我的选择。

平时除了打理漫咖啡的事务，我还有一个特别的爱好，就是研究《易经》等传统文化。身边的亲人、朋友都不理解，说什么年纪轻轻的姑娘家，怎么学习《易经》啊？

我很想告诉他们，《易经》也是国学经典，是“群经之首，群经之始”，比《大学》《中庸》更加意蕴深远。可我终究没有解释太多，人就应该坚持自我，活出自己的样子。

在学习《易经》的过程中，我对中国传统文化有了更加深入的理解和认识。古人的智慧犹如满天的星辰，散发哲学的光芒，为迷路的人指点迷津。我想，随着时代的发展，人们会越来越重视精神家园的建设，日益复苏的国学文化也将影响到更多的人。

我希望自己学习到的东西，可以给他人带来帮助，为他人解疑答惑，在帮助他人的同时，也让中国传统文化得到弘扬和发展。我坚信中国文化肯定会走向世界，成为一种全新的时尚。

前不久，我受邀参加北京国际电影节的闭幕式，不仅见到了许多喜欢的明星大咖，还和他们一起畅谈“易经文化”。中国古人的智慧博大精深，无论身处什么样的位置，遇到什么样的困难与挫折，我总能在《易经》里找到方向，这正是古代哲学的魅力。

我只希望更多的人感受到中国传统文化的伟大。

除了悉心经营漫咖啡，努力弘扬易经文化也成为我生命中最重要的事情。

我只是在坚持自我，做自己喜欢的事，无论未来遇到多少艰难险阻，我都会努力走下去，去完成自己的梦想。我认为这也是一种修行，不用吃斋念佛，不用历经磨难，只是将古人的智慧传承下去，点亮更多迷失的心，也放弃自我的傲慢、轻薄与贪欲，以清净的心去看待人生。

我认识一位女孩名叫小冰，她是那种外表柔弱、内心强硬的姑娘。

上大学时，学校里举行过一次摄影展，举办方是著名的美国杂志《国家地理》，当时展出的每一幅作品都美得震撼人心——惊涛骇浪中的鱼群、变幻莫测的极光、皑皑的冰川雪地……

她望着那些作品，心中生出了一个想法：自己也要成为一名摄影师，记录下美的瞬间。

从那以后，她每天都跑去图书馆借摄影杂志看，沉溺于发现美丽的世界。

她的脑子里都是光与影的交错，是各种色彩的融合，至于自己的专业课程，早就抛之脑后了。大三那年，她告诉父母：“我想去北京学习专业摄影，这是我最大的梦想。”

母亲沉默不语，父亲却脸色突变，朝她吼道：“那你的学业呢？”

她咬着牙，很淡然地回答：“我想休学……”

父亲差点一巴掌甩在她的脸上，最后还是克制住自己，只丢下一句冷冷的话：“随便你。”

第二天，她坐上了去北京的高铁，身上仅有两千块钱。

但她的心却在飞扬，看着车窗外的风景，仿佛每一处都可以拍成照片。

在北京有名的摄影培训机构下车，看到告示栏上高额的学费，她的心揪了一下。她知道两千块钱是远远不够的，所以只能先去打工，赚够了学费和生活费，才能踏入梦想之门。

她来到一家以摄影为主题的酒吧，成为一名服务员。老板是被她的故事打动了，还说她“够强硬”“够爷们”！每天工作之余，她开始自学摄影，还经常将自己的作品洗出来贴在酒吧的墙壁上，偶尔有客人驻足，她会感到无比开心。

虽然工作辛苦，但总算通过自己的努力攒到一笔钱。

远方的父母也打来电话，问她过得好不好，需不需要钱，她说：“过得挺好，不用。”

一年后，她终于顺利进入摄影培训机构，进行正规地学习。

两年后，她开始准备自己的毕业作品，为此，她专门去了一趟云南，一个人进入原始森林，拍摄了一组野生大象的“生活照”，取名为《生机》。

她从一开始就知道，摄影是神秘而危险的职业，有人潜入深海，有人走进沙漠，还有人去无人的高原，再无音信。可这些困难在梦想面前，都变得微不足道了。

云南之行，她足足瘦了 15 斤。

随后，她的摄影作品在香港的国际影展上获奖，奖金不菲。她在摄影圈里也开始小有名气，许多影楼都跑来和她签约，给出的条件十分优越，她选择了离家最近的一家影楼。

我问小冰：“父母看到你成功了，是不是不再生你的气？”

小冰语气强硬地说：“是我原谅了他们。”

我说：“你是一个强硬的姑娘，也是一个乖乖女，不然怎么会选择离家最近的影楼呢？”

记得《乱世佳人》里有这样一个场景：饥饿的斯嘉丽从田里挖出一株萝卜，连泥土都没有洗净，就直接塞进了嘴里，吃了几口便大哭起来，然后发誓说：“以后不再过这样的生活！”

每个人都有选择自己生活的权利，优雅或者强硬都是一种美丽。

驱除不切实际的幻想：仰望星空，脚踏实地

曾经在豆瓣上看到一个话题：当所有人都在嘲笑你的梦想不切实际时，你还要坚持吗？

在常人的思维里，答案可能是肯定的，就像所有鸡汤文里写的那样——梦想是神圣的，无论多么不切实际，都要学会坚持，永不言弃。可现实是，梦想可以大到无限，人的能力却是有限的。

我认为，对待梦想最好的态度应该是仰望星空，脚踏实地。

梦想就像一张画布，任由你的想象力如野马般奔腾，只是画布铺得再大，也要用画笔填上颜色和线条，否则便无法成为一幅气势恢宏的作品。

仰望星空，人生才会有希望，才能找到目标，才能超脱琐碎而迷茫的生活；脚踏实地，才能驱除不切实际的梦想，才能一步一步走到梦想的彼岸。

我在开漫咖啡的时候，也没有想过要赚多少钱，要成就多大的事业，而是做了就脚踏实地地做下去，只要不赔钱，就是当时

最大的梦想。没想到，结果反而比想象的好。

记得以前看过的广告里有一个女孩，大家都叫她小若，虽然她没有倾国倾城的容颜，但是笑起来也能倾倒众人。谁都不会讨厌一个爱笑的女孩，更何况她的笑容如阳光般温暖迷人。

不过，她的家境不算好，这也不算是什么难以启齿的事，每次她都大大方方地承认："我的家境不好，所以我才更愿意努力，让它变得好起来，这样也更容易看到成效啊！"

工作时，她认真负责，随时保持着努力向上的姿态。这样认真工作而又笑容迷人的女孩，自然会吸引很多单身男子的注意，连公司里的头号帅哥小潘，也对她情有独钟。

小潘在公司里人气极高，有点偶像明星的感觉——帅气的脸庞，修长的四肢，家境还很富裕。当小若和小潘走到一起后，公司里的大姐经常会在私下议论："我们公司里的女孩，人能够配得上小潘的，家境配不上；与小潘家境相当的，人又不行……"

潜台词就是：小若配不上小潘这样帅气优秀的男人。

小若听到这些流言蜚语，也不生气，而是保持微笑，让自己显得更加自信而优雅。

同事悄悄问小潘："公司里美女如云，家境好的也不少，为何偏爱小若？"

小潘回答："只有她发现我的肠胃不好，每天叮嘱我喝水吃饭。"

同事这才恍然大悟，原来小若不仅爱笑，还很细心。她能够拿下公司里的头号帅哥，靠的并不是一些华而不实的手段，而是实实在在的关心。

一个脚踏实地的女孩，在感情世界里也可以走得稳稳当当。

反观公司里的另一个女孩阿梅，她原本有一个很爱自己的男朋友，从大学时代开始谈恋爱，好几年的感情也算弥足珍贵了。可她总是抱着一些不切实际的幻想：她想经常外出旅游，想在家做一位全职太太，想嫁进豪门、住别墅、开跑车……

显然，正处于创业期的男朋友无法实现她的“梦想”，所以在她看来，男朋友无微不至的关心也变得无比廉价了。她最终选择了分手，找了一个花心的富二代。

她安慰自己，感情上的瑕疵不算什么，至少物质上的给予是足够的。只是，这种靠物质建立的感情并不牢固，和富二代在一起没多久，两人便分手了。她的“豪门梦”也随之东流。

这时候，前男友创业成功，拿到几千万的融资，阿梅想要回头却已经来不及了。

在每个女孩的心中，或许曾有过一些不切实际的幻想。你可以相信自己是上天选定的公主，却要知道你不一定能够过上公主般奢侈的生活。梦想可以是一片美丽的星空，但你必须脚踏实地，凭借自己的努力，才能在梦想的星空画出闪亮的星辰。

一个人不能总是仰望星空，整天做着不切实际的梦，脱离生活的引力；一个人也不能总是脚踏实地，失去敢想敢做的勇气，也失去天马行空的想象力。

我想最好的梦想应该是浪漫的现实主义，就像野川的小诗《一片叶子梦想着飞翔》：

在三月，一片叶子从枝头
冒出，看见一只鸟把天空
擦得锃亮。大口大口喝着雨水
大口大口吃着阳光，一片叶子

梦想着长出一双翅膀
当她猛地挣脱枝头，心已枯黄
落在地上，只有一声脆响

我从来不喜欢做梦，但也从未曾失去梦想。我喜欢仰望星空，但从未想过要摘下星辰。只有脚踏实地的时候，我才能感觉到踏实，并且获得源源不断的力量。

青春可以不堪，但梦想绝不能

周末和闺蜜一起去电影院看了《后来的我们》。观影结束后，我问闺蜜："感觉如何啊？"

闺蜜将手中的爆米花桶扔进垃圾桶里，兴奋地说："井柏然真的太帅啦！可惜演了一个差生，居然知道那么多 AV 女优的名字，还说'买房子就是爱你，对你好'……"

我笑了笑说："他是真的把偶像包袱给扔了，演技还算不错，特别是电影的后半段，他送完快递十分疲惫，一边吞泡面，一边瞟着游戏账户里的数字，那双眼睛里满是血丝，表情那样专注，三秒钟没有台词和声音，安静得让人难过……"

闺蜜一脸正经地说："他们的爱情也是一个悲剧，十年前相遇、相爱、相惜、相负、相离，十年后又再次重逢，就像一个轮回，注定要错过彼此，哪怕后来都学会了如何去爱。"

我轻描淡写地回应："或许后来的我们，拥有了一切，唯独失去了彼此，真不堪啊！"

在每个人的青春里，都曾有过这样不堪的经历吧？因为懵懂无知，错失了太多；因为迷茫无措，放弃了自己的梦想；因为现实残忍，最终选择了安稳与平凡。

以前特别喜欢听刘若英的歌，每次去上课，都会戴着耳机，听着《后来》，穿过学校的操场和林间小道，慢悠悠地走进教室。那段时光是无忧无虑的，虽然也遇到过暴风骤雨。

人们常说“往事不堪回首”，但人们又喜欢怀旧，尤其是怀念自己的青春时光。这也是国产青春片火热的原因吧！虽然很多故事情节显得老套狗血，但总能激起人们心中的青春记忆。那一片片的小浪花被无限放大，总能引起人们的共鸣，让人感情泛滥，不可收拾。

的确，爱情可以是青春画册的主色调，却不能没有其他色彩的映衬。青春可以不堪，但梦想绝不能，因为梦想是你的翅膀，你的梦想有多大，未来才有多广。

在做漫咖啡的这几年，我开始了解行业内的“名人”，比如星巴克董事长霍华德•舒尔茨、“精品咖啡”创始人娥娜•努森等。他们都是站在金字塔顶端的人，成功的经历也颇具传奇色彩，有点可望而不可即的感觉。所以我想说一个更接地气的人，她就是中国茶商孟乔波。

起初知道这个人，是因为她说过的一句话：“我只是个卖茶的，也永远是卖茶的。我一定会一条路走到底。若干年后，你会发现本来习惯于喝咖啡的国度里，也会有洋溢着茶叶清香的茶庄出现，那也许就是我开的……”若干年后，她真的把茶庄开到了中国香港和新加坡。

我曾在脑海中勾勒出她的形象：一定穿着靛青色的旗袍和白

色的高跟鞋，微卷的长发及腰，举止优雅而端庄，她给你泡茶时，一定面带微笑，说话的声音也带着袅袅茶香。

可现实中的孟乔波却没有这么时尚优雅。

14 岁那年，她辍学了，在湖南益阳的一个小镇上卖茶，一毛钱一杯。她的年龄不大，摊位不大，茶杯却比别人大很多，还给客人免费续杯。同龄的小女孩都过得公主般养尊处优的生活，她却每天外出摆摊，顶着烈日和风雨卖茶，虽然生活待她有些不公，但她脸上却总挂着笑容。

几年后，同行都因为卖茶不赚钱而改行，她却来到益阳城里，改卖当地传统风味的“擂茶”。这种茶制作起来十分繁琐，不过能卖上好的价钱。她学会制作不同口味的“擂茶”，吸引了不少客人，生意也渐渐火爆起来。

又过了几年，她在长沙开了第一家茶庄，店中央放着根雕茶几，只要有客人光临，她都会亲自泡茶请客人免费品尝。这样日复一日，她的茶庄吸引了不少客人和茶商，她也培养了一批又一批的品茶人。后来，朋友介绍她在其他城市开茶庄分店，并且延续同样的经营模式。

十年后，她的茶庄开到了西安、上海、深圳等地。福建和广东的茶商一提到她的名字，都啧啧称赞，说她是行业内的“美女大老板”。她的名气也越来越大，成为行业内的“名人”。

我开始了解她的时候，她已经将茶庄开到了马来西亚、新加坡等国家。人们大多只看到她的成功，却不知道她是如何一步步走向成功的——在美好的青春年华，同龄人还躺在被窝里，做着童话般的美梦时，她已经在朝阳下摆开自己的茶摊了。

不难想象，有多少次城管突袭，如同狂风骤雨，她只能狼狈不堪地逃窜，揽在怀里的茶具也许会在慌乱中掉落，摔得支离破碎。她却不曾因此而选择放弃或退缩，因为她的内心有一种信念：青春可以不堪，但梦想绝不能。她说自己是个卖茶的，也永远是卖茶人。

这种信念是最强大的力量，支撑着她走过青春的荒芜，走向灿烂的人生。

很多人都有类似的“隐形人生”，你只看到他们光彩照人的一面，却不知道他们付出了多少努力，才有了如今的成功。

你的青春可以不堪，但是梦想绝不能，只有坚守信念、努力向前，才能让青春不再单调，也不失内涵。我记得叶贸然老师曾说过：“年轻时，你可以奋不顾身地追求爱情，但不要忽略爱情以外的东西。无论何时，爱情都只是人生的一部分，而不是人生的全部……”

我想，对于青春，对于爱情，对于梦想，经历过的人眼界就会变得不一样了。

在最无畏的青春里闪闪发光

我认识一位年轻而倔强的姑娘。几年前的冬天，她失恋了，一个人拖着行李箱从北京飞回太原。凌晨两点，飞机落地，那时的太原大雪纷纷，刺骨的寒冷。

她走出机场，在停车场号啕大哭起来，一个人倒在雪地里，瑟瑟发抖。

行人只是用疑惑的目光望着她，没人将她扶起来，也没有发生偶像剧里的情节，突然走来一位高大帅气的男生，将她抱起来，拥在怀里，如火炉般温暖。

最后还是停车场的保安将她带进狭窄的服务厅，给她倒了一杯滚烫的白开水。

第二天，她来到漫咖啡，点了一杯拿铁，对服务员说："不加糖。"

我们认识好几年了，以前做广告公司时，有过业务上的来往，也经常一起逛街、吃饭、谈心，算是很好的朋友了。她见到我便忍不住哭了起来，嘴里不断骂着“渣男”！

我问她：“怎么会分手呢？你们在一起不是六七年了吗？”

她红着眼睛说：“没想到他那么渣！我为他放弃太原的工作，不顾家人的反对，跟他去了北京，没想到他居然为了一个小秘书，抛弃了我……”

我安慰她：“你真是无所畏惧啊，换成是我，肯定放不下这么多。”

“可是有用吗？”她用纸巾擦掉脸上的眼泪，冷冷地说：“再多的付出也留不住爱情。”

我点了点头说：“谁没有失恋过呢？谁没有遇到过渣男呢？失恋不是很正常吗？网上有一句话说得很好：那些哭成狗的时刻，最终会让你光芒万丈！所以，你也别难过了。”

她突然笑起来，开玩笑说：“是哭成单身狗的时刻吗？”

气氛渐渐缓和，她大口地喝着咖啡，就像在喝一杯苦水。

我问她：“不加糖的咖啡苦不苦？”

她摇头，倔强地说：“一点也不苦！”

后来她和我聊天时谈到，那天之后，她仍旧没能走出失恋的阴影。

一个人回家，搬不动箱子时大哭，擦桌子时大哭，做饭时大哭，洗澡时大哭，躺进被窝里时，还要抱着自己大哭。那段日子，哭成了她生活的背景音乐。

大概一个月之后，她哭的次数越来越少了。又过了一段时间，她只会偶尔难过，连眼泪都很少掉了。这次分手的经历，让她从一位文静柔弱的女子，变成了一位果敢刚毅的女子。

她在太原重新找了工作，以前她做的是行政，每天过得轻松

每个人都需要这样的安静时光，

与自己相处，找寻自己的梦想。

每个人都有选择自己生活的权利，

优雅或者强硬都是一种美丽。

安稳，现在她找了一份销售工作，每天为了业绩而奔波，每天都要面对形形色色的客户。

偶尔有空，她便会来漫咖啡坐坐，找我聊天谈心。

我说：“你的变化真大啊，从一位柔弱的文艺女青年，变成了干练的职场白骨精。”

她说：“我只是在寻找生活的另一种可能，其实除了谈恋爱，我在其他方面还是挺牛的。你不是说过吗？那些哭成狗的时刻，终究会让我光芒万丈，我只是把之前用来哭的精力，用在了其他地方……”

我为她感到开心，因为不是每个女孩，都能在哭泣后涅槃重生。

悲伤有一万种“打开”的方式，也有一万种解读的方法。在最无畏的青春里，我们总是跌跌撞撞，处处碰壁。有人因此变得消沉，颓废不堪；有人却因此涅槃重生，闪闪发光。关键在于自己的选择，你选择以怎样的姿态活下去，就会以什么样的姿态活在这个世界上。

谁都有过年轻无畏的时光，在勇敢前行的路上，有两件最为重要：一是适时反思，二是不要设限。大千世界，变化万千，但总有规律可循。你想让自己闪闪发光，就要学会遵循某些规律，同时也要学会打破某些规律。

一个人能走多远，比的不仅仅是耐力，还有方向感。如果方向错了，再多努力也无济于事。所以在前进的路上，不要只知道埋头做事，还要适时地停下来反思。

有时，无所畏惧也伴随着各种变化，所以我们不能给自己设限，要学会随机应变。

那个大哭的女孩，在痛失爱情之后，选择在事业上突破自己。她找到了生活的另一种可能，在失恋之前，她可能完全没有想到，自己也可以活得干练而潇洒。

在人生的旅途之上，每一个阶段都会有每一个阶段的际遇与变化，为了让自己拥有足够的应变能力，我们还应该不断地学习新鲜的知识。我平时也爱学习，唯一的爱好就是看书，无论是易经，还是行为心理学，甚至是一些有趣的网络文学，我都不会排斥。

学习也是一种磨砺，任何知识都会有派上用场的那一天，它们也是你身上的闪光点。

你若盛开，清风自来

在北京学习时，和一些老前辈讨论过一个问题：

人应该为自己而活，还是应该为他人而活？如果你是一株珍稀的幽兰，你会把清香撒向山谷，与日月做伴，还是愿意出现在豪华的玻璃展柜中，供万千人观赏与赞扬？

每个人对此都有不同的答案，无论是选择特立独行为自己而活，还是选择纠结于责任或胆怯为他人而活，都有属于自己的大道理。我们无法辨别谁好谁坏，但是却能秉持自有的生活态度。

人是群体动物，脱离群体会被视为异类，所以大多数人都逃不过从众心理。

可是，人如果总是在模仿或是机械式地重复，又会变得千篇一律，毫无创意。新时代人们的核心竞争力就是拥有与众不同的资源，这样才有机会脱颖而出，才能创造出更多的价值。比如一些特立独行的“网红”，他们可能会被视为“异类”，但是他们创造的价值却非常人能比。

一次去上海出差，突然看到车窗外地产商的广告横幅，上面写着："你未必出类拔萃，但肯定与众不同。"当时便有所感触：在这个世界上，真正能够出类拔萃的人并不多，而安于现状的人比比皆是。我想，一个人即便没有出彩的人生，也会拥有与众不同的一面吧？

上大学时，身边的女同学都在谈恋爱，一到情人节，宿舍里处处飘散着玫瑰花香。

同学问我："你为什么不谈恋爱啊？学校里喜欢你的男生可多了。"

我满脸疑惑，心里在想："我为什么要谈恋爱呢？"

难道上大学了，就一定要谈恋爱？难道身边的同学都谈恋爱了，自己就要谈恋爱？难道有男生喜欢，就一定要谈恋爱？我不是高冷，也不是故意不谈，而是没有遇到能让我产生恋爱冲动的男生。这也不能怪我吧？尽管如此，还是有好长一段时间，被同学认为是"异类"。

后来，我也谈恋爱了，同学的目光才变得"正常"起来，我反而觉得他们的思维有问题。

前段时间网上疯传一个段子：据说在每一个互联网公司里，都有一个扫地的大妈。当她经过一个程序员的身边，扫一眼屏幕上的代码，会低声提醒对方说："小心，栈溢出了（特指计算机编程过程中出现的数据结构栈存放超过了其大小的数据）。"

谁说"扫地大妈"就不能懂计算机编程？人们之所以会感到惊讶，是因为"刻板印象"在作怪——在人们的印象中，扫地大妈大多都是文化水平较低的劳动者，她们忠厚、朴素，每天做着繁重且不算体面的体力活，拿着微薄的收入……如果你也认为这是“扫地大妈”应该有的样子，就只能说这是一种褊狭的偏见了。

在漫咖啡开业之初，我也遇到过一位与众不同的“扫地大妈”。

那天我匆匆赶到办公室，急着处理一份合同，刚推开办公室的大门，就看到了她。她穿着粉色的裹臀连衣裙，白色的高跟鞋，齐耳的短发显得十分干练。

我笑着向她问好，以为她是我的客户。

她也向我问好，笑容如此优雅，然后她慢慢蹲下身子，将办公室的垃圾筐收拾干净，又换上新的垃圾袋。我这才惊讶地发现，原来她是公司新来的保洁员。

我之所以会惊讶，是因为她给我留下的印象，和一般的保洁员相差太大。

那一刻，我觉得自己的见识过于浅薄，甚至是一个俗人。

你有见过哪位保洁员像她那样优雅如花吗？她还穿着连衣裙和高跟鞋呢！她的一举一动仿佛都在告诉你，她是有文化、有修养的人。

之后，我会刻意关注她。她特别喜欢穿裙子，各种小碎花加蕾丝镶边，还喜欢穿高跟鞋。但是这并没有影响到她的工作，相反，她的动作十分麻利，总能让办公室保持一尘不染。

工作闲暇时，她还喜欢看书。我问她：“平时喜欢看什么类型的书？”

她说：“我喜欢马克·李维，最近在读他的小说全集……”

我很欣赏她这样的女人，活得如此精致而优雅，从来不是因为别人，仅仅是为自己。

她就是老前辈口中的幽兰，独自盛开在山谷中，与清风明月为伴。

你若盛开，清风自来。这是一种随性与洒脱。

你若盛开，不论清风来与不来。这是一种超然与豪迈。

有的人就如山谷中的幽兰，你看到也好，没有看到也罢，她都将清香散播。

有一种美丽只属于那些为自己而活的人。

Part 2

勇气：趁势而为，人生不设限

生活就像一个刁钻的老头，他总是找机会为难你，处处与你作对，不让你的日子好过。在生活的重重困境中，你需要的仅仅是一点勇气，趁势而为。你想要的生活本就不可以寄托给别人，不管是遇到困难也好，还是经历了前所未有的痛苦也好，你都要学会勇敢地接受，并想尽办法去改变局面。只有勇敢和自强不息才能给你最大的安全感和答案。

你的勇气，价值千万

每次下班回家，路过小区广场时，都会碰到李姐接孩子放学回家。她的年纪还不到四十，本应还属于“貌美如花”的阶段，可苍老却肆无忌惮地写在她的脸上，连头发都显得干燥枯黄。

而且，我从来没见过她化妆，随时随地都是一副素面朝天的形象。

恐怕很少有女人活得如此粗糙吧！我一直想问她：为什么不对自己好一点呢？

突然有一段时间，李姐像“失踪”了一样，不见了踪影。后来听小区里的人说，她的教授老公出轨了，结婚十几年，老公一直对他冷淡，婆婆又十分强势。

当她发现老公出轨后，老公反而“晓以大义”，让她不要吵闹张扬，不要丢脸。

我无法理解她是如何说服自己忍气吞声、不吵不闹的，是为了保全老公教授的名声，是为了自己貌合神离的婚姻关系，还是为了年幼的孩子？

总之，她真的选择了沉默隐忍，有好长一段时间不出家门，然后又回归“正常生活”，每天按时起床做饭，收拾家务，送孩子上学，接孩子回家。

她的老公呢？只是将她的隐忍退让当成理所当然，每天仍旧花天酒地，夜不归宿。

我很想找机会和她聊聊天，告诉她，女人应该有的勇气和自我。但我终究没有这样做，因为这是她的人生，也是她自己的选择。长期受害，可能是因为无奈的妥协，更有可能是无力的屈从，由于缺乏勇气，渐渐失去了自我。

她没有自己的工作，整天忙于家庭琐事，其实有很多时间可以用来修整自己的容貌，调理自己的身体，培养自己的兴趣爱好，充实自己的人生，精致地活着。可她却选择将就，以为只要自己扮演好媳妇、妻子、妈妈的角色，对方就会满意，生活就会善待她。

现实却残忍到难以接受：一个女人失去独立性，失去梦想与追求，等于失去一切魅力。

她的老公是某大学的教授，能够维持这么多年冷淡的婚姻关系，能够不顾自己的声誉出轨，肯定有一定的原因，甚至在他自己看来，自己才是那个真正的受害者吧！

女人的勇气，价值千万。面对生活的打击，应该有勇气去面对和解决，努力让自己活得美丽而精致，不失女人的魅力；面对生活的不公，应该有勇气站起来，与之抗衡，而不是隐忍退让，用自己的悲伤去换取表面上的和平。

“我负责挣钱养家，你负责貌美如花！”这是男人说过最动听的情话。可当男人主动承担起生活的重担，女人又是否能够依靠美貌来维系自己的婚姻，拥有想要的生活呢？

有的“好男人”或许不会食言，能够保证你衣食无忧，给你和孩子创造一个良好的物质生活条件。可是，当你有了基本生活保障之外的需求时，比如想买一个名牌包包、一件价值不菲的衣服，这时所谓的“好男人”还会毫不犹豫地为你买单吗？

我很喜欢好友梅子说的一句话：“女人除了貌美如花，还要经济独立。你可以指望老公挣钱养家，可你自己的物质需求，还是得靠自己来满足！”

梅子是以前广告公司的同事，平时穿着朴素，不会打扮自己，被公司里的人叫“土妞”。

前几天，梅子约我一起吃饭，当她走进餐厅，出现在我面前时，我却被她的美貌惊艳到了。以前她是齐腰的长发，现在变成了齐耳的短发，一袭镶钻长裙闪闪发光，背的还是香奈儿的包包，脸上的妆容也很精致，一看就知道是精心打扮了一番。几年没见，她的变化真大。

梅子走过来，优雅地坐下，对我莞尔一笑。

餐厅里很多人的目光都落在她身上，我仿佛看到她头顶上无形的光环。

寒暄几句之后，我开玩笑地问：“你是傍上哪家富二代了吗？这一身名牌真让人羡慕啊！”

她反问：“你是不是觉得我变化挺大？不再是以前那个不会打扮自己的‘土妞’了？”

我笑不语，接着梅子说起了自己这几年的经历。

离开广告公司之后，她与相恋五年的男朋友分手了，她说：

“男人的甜言蜜语不能当饭吃，他曾经许诺我的，一件事情也没有做到，我想要的生活，他也给不起，所以就分了。”

分手后，她开始努力工作，想要挣更多的钱。

她跑去一家房地产公司做销售，起初业绩不佳，她便努力学习营销技巧，做了几个月，业绩开始有所起色，之后便节节攀升，一年后成为部门主管。

她觉得自己晚上的时间也不能浪费掉，于是开始写作，给一些时尚杂志供稿。

如今的她，除了工作上的丰厚酬劳，还有不错的稿费收入，而且还谈了一个搞艺术的男朋友，绝对算是成功的女人，令人羡慕的人生赢家。

我问梅子：“你这么努力，这么勇敢，不会觉得累吗？”

她说：“有时会累，但看到自己现在的样子，美丽又舒适，觉得一切努力都值得。”

我由衷地赞美：“你的勇气，价值千万啊！”

很多人可能都有过这样的经历：当你很想去做一件事情时，身边总有人会“好心相劝”，告诉你不要妄想了，那是不可能的事！于是，你开始动摇，开始怀疑自己的能力，最后不得不主动放弃。过了一段时间，你的头脑中又有其他构思，但在没有行动之前，又感到不自信了，甚至没有人劝你，你自己就会觉得这件事情太难了，做成的可能性太低，只能放弃……

这样的事情时常发生，这样的人也并不少见——有想法，却不敢有行动，总是畏首畏尾。

其实，很多事情并没有你想的那么难，只是你缺乏应有的勇气罢了。

站在现实的荆棘前，有的人原地踏步，有的人犹豫不决，有的人蹑手蹑脚，有的人披荆斩棘勇往直前……其实，成功者未必有多强大，只是敢于向前。

你比不过别人的能力，就只能和别人比努力，比勇气，比无畏的精神。

拼颜值就能赢，为什么还要去拼命

每次看到“颜值逆天”“秀外慧中”这些词，我都会不自觉地想起李诗华。

她的美，已经超乎常人的想象。大学几年时光，几乎全校所有男生的目光都被她吸引。女同学也不嫉妒她，因为深知自己比不过她。

上天对她的偏爱不只体现在容貌上，她还是一位名副其实的白富美。

那时，她是学校里唯一开车上学的女生，每天都穿得光鲜亮丽，造型时尚动人。最让同学们羡慕的，是她手中的诺基亚手机，看起来十分酷炫。他的父母并不是要富养女儿，而是家族多年经商，本来就不差钱。有一种富被称为贵族气场，不用炫就能压制众人。

作为诗华的同学，我认定上天在造人时肯定有所偏爱，所以才将她雕琢得如此美丽动人。如果这是一个拼颜值的时代，那她不用比赛就可直接胜出了。

她的美貌、财富，足以让她安稳优越地度过一生，可她偏偏选择了另一条路，不是选择过养猫、种花这般世外桃源的生活，而是拼命努力，不依靠家族财富去创造属于自己的一片天地。

她喜欢刺绣，自己买了各种布料针线，课余时间就穿针引线，创作各种刺绣作品。她缝制的手提包、遮阳帽、绣花鞋，在学校里成为爆款，不过她只送人，不卖钱。

大学毕业后，她没有去家族公司上班，也没有找工作，而是自己开了一家淘宝店，专门卖她自己的刺绣作品。很多人以为开淘宝店很轻松，每天在旺旺上和顾客聊天，有订单就去快递公司发货，事实上开淘宝很累，而且不容易做好。

起初，她做得也不顺利，经常一个星期都无人光顾她的淘宝店。

她有些着急，开始意识到行业内竞争激烈，想要脱颖而出，就要有自己的特色，并且要有一定的“知名度”。于是，她开始通过各种渠道，给自己的淘宝店做宣传。

她亲手写的宣传方案，很用心，也很美，很快便获得大量的关注度。

偶尔，她还会开车去创意集市摆摊，把自己的刺绣作品亲自展示给顾客。如果有顾客只看不买，她也会将自己店铺的名片赠送出去，当成是一种宣传。

这个世界上恐怕没人会拒绝一位“颜值逆天”的美女的馈赠吧？

渐渐地，她对自己的产品定位更加精确，顾客也越来越多。淘宝店的生意红火起来，她也越来越累，有时间为了赶制一件作品，甚至会熬到凌晨三四点。

男朋友心疼她，略带责备地说：“你这样熬夜对身体不好，还容易衰老。这么美的面容，所有人都无比疼惜，你为什么非要为难自己呢？难道我养不起你吗？”

她呵呵一笑：“我只是不想依靠别人而活，而且我做的事情也会让自己开心。”

男朋友拗不过她，也只能无可奈何地摇头了。

几年后，她开了一间自己的小工作室，请了一批刺绣工，开创了属于自己的原创品牌。

在所有人的印象中，她的颜值超高，工作勤奋到拼命，很少有人知道她的家庭背景。其实不靠家族的财富，仅靠那张美丽脱俗的脸，就能让她过上安稳无忧的生活。

可她就是不靠颜值取胜，而要靠自己的努力去获取成功。

有的年轻女孩喜欢说：“我宁愿坐在宝马车里哭，也不要坐在自行车上笑。”所以在选择对象、找工作、制定目标时，总想“以富为贵”。如果能靠颜值上位，便沾沾自喜，以为自己拥有了美貌就等于拥有了财富。或许你的美貌真是一种财富，但它也会随着时光流逝。

你可以想一下，当你卸下妆容，脱下华服，身材走样，满脸皱纹之时，自己是否还有能力拥有财富或其他？当你拥有的一切都是依靠自己，而不是依靠他人时，就算失去一切依靠，你仍有能力获取自己想要的一切，活得安然。一个女人拥有再高的颜值，也会被岁月消磨得沧桑老去，可她拼命获取的东西，却会伴随她一生。

女人不仅应该学会生活上的独立，更要学会精神上的独立，而不是总想依附于别人。哪怕你有一个很珍惜自己的另一半，也要具备独自一人承担一切的力量。

在我们身边，那些明明拼颜值就能赢的人，为什么还要去拼命努力呢？

因为他们知道，颜值再高也会如花凋零。

美好的青春终究会逝去，人也会衰老，但是年轻时对待生活的态度，却会决定自己的人生道路和拥有的生活。

每个人都可以创造无限可能的人生

这个世界上没有两片相同的树叶，可它们看上去并没有太大不同。

我想人也是这样，每个人都是独一无二的存在，可都普通得没什么差别。如果你不想被社会淘汰，就要让自己拥有超乎寻常的能力。木秀于林，风必摧之；忍过狂风，便成神话。

你难道没有听说过，爱笑的人，运气都不会太差吗？那些爱笑的人，并不是没有经历过困窘与苦楚，而是经历过大风大浪之后，仍旧从容不迫。无论做什么事情，你都不能给自己设限，因为人生最大的“敌人”并不是别人，而是自己。

假如你把困难无限放大，就会失去解决它的勇气；假如你不给自己设限，再大的困难也会化整为零，得到解决。有一些刚进入社会的年轻人问我：“什么是自我设限？”

我告诉他们：“自我设限，就是外界没有限制时，自己的内心却竖起了‘高墙’，它会阻碍你的行动，让你故步自封，在没有任何行动之前，就选择了放弃……”

我还给他们讲了星巴克老板舒尔茨的故事：

当年，舒尔茨还很年轻，英俊的脸庞，儒雅的气度，打动了无数少女的心。他去英国出差时，发现伦敦最繁华的街道旁，居然有一间十分狭窄的店铺，正在卖最便宜的奶酪。

那间店铺旁边都是时尚大牌名店。他很好奇地走了进去。

店铺里有一位满头银发的老人，正埋头打理自己的奶酪。

一阵奶酪的香味飘了过来，他嗅了嗅，然后问老人：“老先生，打扰了，我有一个疑问想要问您：这里是伦敦最繁华的黄金地段，您卖奶酪赚的钱，够付房租吗？”

老人微微一笑，说：“年轻人，想知道答案，先买 10 英镑的奶酪吧！”

他毫不犹豫地买了 10 英镑奶酪，等待老人的回答。

“年轻人，你现在可以走出店门看看。”老人平静地说，“这条街道上，你能看到的豪华店铺，几乎都是我们家的房产。我的家族世代卖奶酪，赚的钱就买了这些店铺。你觉得不可思议吗？现在我和儿子仍然卖奶酪，因为这是我们喜欢做的事情……”

舒尔茨的内心被深深触动了。老人和这间狭窄的店铺让他大开眼界。

他从来没有想过，也无法想到，一间狭窄的奶酪店铺里，居然住着一位房产大亨。在常人看来，靠卖奶酪赚的钱，根本不可能买下伦敦黄金街道的一寸土地。可老人却做到了。

其实，每个人都可以创造无限可能的人生，关键在于人生设不设限。

几十年之后，舒尔茨来到中国，在复旦大学做演讲。

一位学生站起来告诉舒尔茨："我每到一个国家、一座城市，都会光顾当地的星巴克，然后盖上这家店的印章。"说完，他又拿出一本贴满了星巴克分店印章的册子。

舒尔茨感到十分惊讶，他以前只听说过，有人在星巴克门口跪下，感谢这座城市有星巴克；他还目睹日本星巴克分店，一大早就有很多人排队买咖啡的情景。

可收藏星巴克门店印章的人，他还是第一次见到。他满脸笑意地走下讲台，接过那位学生手中的册子，热情地问道："需要我在上面签名吗？"

在演讲的最后，他向台下的听众传达了一种信念：人生有无数种可能性，我们不能给自己设限，更不能让自己的想象力受到束缚。

别人花一天能做好的事情，你需要花十天时间；别人用一年能达到的水平，你需要花十年时间。这不是个人能力上的差距，而是心理高度上的差距。

我们身边不是也有很多这样的人吗？不是没有能力，而是习惯自我设限。

世界上可能有很多事情，是我们没想到的，正如世界上每个人都有机会成为卓越的人物，却只有极少部分人达到了那样的心理高度。

一个人所能达到的高度，就是那个人在心理上为自己设定的高度。

人生不设限，才能创造无限可能的人生。

没有退路，未尝不是一种幸运

一次参加朋友聚会，我遇到了以前的同事周成林。好几年没见，他依旧风度翩翩，谈吐优雅，是所有女人都会喜欢的那种男人。以前他给别人打工，现在自己开公司。

我坐在角落里喝茶，他走过来和我打招呼，笑容很暖心。

两个人寒暄了一会儿，随后聊到了创业。我问他："当初为什么选择创业这条路？是如何坚持下来的？陷入困境的时候没想过放弃吗？"

我以为他肯定会说一些"坚持才成走向成功""有梦想就有希望"之类的心灵"毒鸡汤"，没想到他突然皱起眉头，苦着脸说："我也是没有办法啊，都是被逼的！放弃就意味着失败，失败就等于一无所有，我是没有退路，只能硬着头皮干！"

其实，他的公司发展很好，而且正在筹划上市。

我笑他："你真谦虚啊，朋友们都知道你的公司发展不错，前途无量啊！"

他告诉我："真没有谦虚，我是没有选择，必须成功。我的家庭情况和你们不同，父母一直做生意，后来迷上了赌博，输掉了所有钱，房子也卖了，还欠了一屁股债。"

我惊讶地看着他，没想到这位成功男士背后还有这样的故事。

他继续说："那时我才十岁，记得有无数次被债主追债，从小就生活在水深火热中。后来，我的事业有了一些小成就，债主就更加频繁地来我家，举着借条让我还钱！"

我喝了一口茶，没有打断他，安心地做一位倾听者。

"有好几次，刚存了一点钱，结果被追债，立刻变得捉襟见肘，连吃饭都要算计。"他叹了一口气，说："所以，这些年来，我只能不断往前跑，而且要比别人跑得更快，这样才能还清家里的债务，才能养活我自己，也让年迈的父母能够安享晚年……"

我问他："你有怨过自己的父母吗？"

他点点头："抱怨肯定有过，但是有什么用？当年父母不负责任，让我的人生进入'奔跑模式'，我知道自己没有退路，所以只能往前跑。有时我也会感谢我的父母，如果没有这些压力，我可能不会有今天的成就，也走不了这么远！"

我如释重负，笑着说："没有退路，未尝不是一种幸运。如果没有父母的债务，你可能只是坐在某个格子间里的小文员，小富即安，顶多想让自己的薪水涨一点，而不是现在拥有自己的公司，坐在办公室里运筹帷幄的那个人。"

他摆了摆手，谦虚地说："你夸奖我了，没你想的那么厉害。"

我说："我并没有夸奖你，只是在说一个事实而已。"

我自己在创业初期，也遇到很多挫折。那时店面才装修一部分，就有各个部门的人找上门，办理这样那样的手续，十分繁琐，压力也很大。但是我知道，自己也没有退路，既然选择做这行，就只能硬着头皮做下去，至于结果怎样，就随缘了。

人生之路并不是用里程来计算的，而是用时间来计算的。所以，你的人生每过去一分钟，就少了60秒——人生不断向前，无处可退，这是最简单的生命哲学。

当你没有退路的时候，前进就成了唯一的方向。

生活在竞争时代，我们每个人身边总会有各种各样的羁绊，因此很难轻装前行。时间却不会在原地等你，如果你一直踟蹰不前，那么终将会被无情地淘汰。

很多时候，人的勇气都是逼出来的，因为无路可退，所以只能勇往直前。

我有一位客户，曾在国外待了七年。大学毕业那年，他只身去了澳大利亚。

原以为美好的新生活将在异国他乡展开，没想到当地工作难找。他骑着一辆破旧的自行车，沿环澳公路走了好几天，帮别人割草、放羊、收麦子、洗碗……

别人给他的报酬，可能只是一块面包、一杯牛奶。

这样窘迫地生活了几周，他终于在报纸上看到一家华人创办的公司正在招聘员工。

由于他的英语不好，只能应聘线路监控员的工作。

应聘那天，笔试和面试他都通过了，眼看就要得到那份年薪十万的工作，没想到招聘经理突然问他："您有车吧？自己会开车吧？这份工作需要经常外出，没有车可不行！"

在澳大利亚，拥有私家车是很正常的事情，没有车的人太少了。

他不是什么富二代，刚到澳大利亚几周，甚至没有找到工作，当然没有自己的车。

可是，为了得到这份工作，他只能咬着牙说：“是的，我有车，我也会开车。”

招聘经理笑呵呵地说：“那就好，下周你就开着自己的车来上班吧！”

他已经无路可退了，只是要在一周的时间买好车，并且学会开车，对于他来说实在太困难了。他很后悔，当初在国内的时候为什么没有把驾照考了。

这天晚上，他辗转难眠，一直在想如何解决眼前的难题，他知道自己必须把问题解决了。

第二天，他向朋友借钱，在二手车市场买了一辆丑陋的旧汽车。

第三天，他打电话向朋友求助，让朋友教他简单的驾驶技术。还好他在澳大利亚认识的朋友多，有的在读书，有的在工作，还有的在澳大利亚定居了。

第四天，他在之前放羊的牧场上练习开车，一路上磕磕碰碰。

第五天，他把旧汽车开上了公路，幸好没有发生意外。

一周后，他开着自己的旧汽车来公司报到，顺利地获得了那份工作。之后又利用业余时间，考了驾照，结束了在澳大利亚漂泊不定的生活。

这段经历也让他更加懂得，人的胆怯、畏惧、退缩，往往是因为有路可退。如果你已经无路可退，那么便拥有了放手一搏的勇气。这时你会发现，自身潜藏的能量居然如此强大。

命运靠自己转弯

我发现身边的人经常会犯一个类似的错误，就是因为一件小小的事情，而做一个大大的决定。尽管每个人的命运走向都掌握在自己手中，但有时“急刹车”还是容易出现事故。

前段时间我忙于工作，为漫咖啡新店招聘一名经理。面试的人来了很多，只有一位身材高挑的男生让我印象深刻。他的学历和专业都符合我们的要求，笔试不错，面试也不错。

我们给他的待遇他也满意，就是有一点让他有些犹豫——他认为自己住的地方，离漫咖啡太远了，单程就需要两个小时左右。最后他说:“回去再考虑一下。”

周末人事部给他打电话，他却说不想来了，原因是公司离家太远，路上太费精力。

这是一道双向选择题，我们无法强迫他接受我们的工作，不过我还是为他感到遗憾，因为路程问题而放弃经理的职业，未免有些因小失大了。

对于年轻人来说，或许认为自己的机会还有很多，并不会因为失去一次机会、一份工作甚至一段恋情，而感到惋惜。可是面对自己喜欢的工作或者自己喜欢的人，为什么不尝试一下克服困难呢？很多看似无法解决的问题，只要学会转一个弯，就能够得到解决了。

比如公司离家太远，为什么不在公司附近租个房子呢？

比如公司不管三餐，为什么不叫外卖或自己带饭呢？

比如相爱的两个人距离太远，为什么不去对方的城市发展呢？

我的一位朋友，她因为距离问题，选择了自己并不喜欢的工作。之后的两年，她过得都很不开心。其实，她的能力并不差，想要换一家公司不会很难。她之所以一直没走，就是因为那家公司离家近，她舍不得那份家门口的工作。

两年后，她终于忍不住了，换了新的工作。虽然每次上下班都要坐两次地铁，可她每天过得很开心。每次说到之前的两年，她都后悔不已，认为自己当初留在那家公司，做着自己并不喜欢的工作，仅仅是因为离家近，实在太愚蠢了。

人的一生确实会与很多机会、很多人擦肩而过，我们能够抓住的只是其中的小部分，而错失的原因除了无法抗拒的外力因素之外，还有我们自己的选择——因为一些小事，而做出巨大的决定，而不知道在适当的时候学会变通，学会转弯。

作为女人，你不要奢望过了三十岁，还能保持二十几岁时的活泼装扮与言谈举止。这个年龄段的女人，通常会遇到相似的问题，比如婚姻上的“七年之痒”，生活中上的狂风骤雨，事业上的低谷等等。这时候，你最应该做的就是学会让自己转弯。

如果你还没有找到自己的真爱，仍旧彷徨在爱情与婚姻之外，就不要太过在意别人的流言蜚语。你要在心里给自己转个弯：这么多年过去了，都没有遇到我的真爱，为什么要因为别人的目光和议论而去选择一份爱情或婚姻呢？爱情这种东西，最讲究宁缺毋滥了。

如果你正陷于无望的婚姻中，感觉自己受到了极大的委屈，却因为各种原因而无法挣脱这种关系，那么也要让自己转个弯：究竟是什么原因导致婚姻关系出现问题？沟通可以解决的问题，尽量不要用吵架的方式去解决。如果问题过于纠结，不如放到一边，先去整理屋子，收拾自己，让家庭环境变得整洁起来，也让自己变得美丽起来。

生活不是一望无际的平原，而是坎坷崎岖的山路，有时还会遇到迷雾，让你失去方向。

每个人都曾有过迷茫的时候，面对未知的未来，不知道内心的真正渴求是什么。当我们陷入迷茫之时，是停下脚步思考，学会转弯，还是一门心思地往前走呢？

或许你会闭上眼睛，聆听内心的声音继续摸黑前进，可是所谓内心的声音也有可能会欺骗你，它只不过是一些零零碎碎的感性因素和随机而生的灵感，与理智和成功相距甚远。

这时最好的解决方法，就是保持清醒，选择属于自己的正确方向。

生活中，我们经常会犯同样的错误，就是走着走着就忘了自己最初的方向。

你很努力地做好了一件事，然后又接着做另一件事，却在不知不觉中误入歧途，最后把最初的目标都抛之脑后了。无论如何，你都要将最初的目标记在心中。

每当你完成一件事的时候，往前行进了一段路程之后，不妨停下来想一想，看看自己是否走错了路，是否把自己的目标给忘记了。尽管我们想将所有精力都花在实现梦想上面，但是因为琐碎的事而走了岔路。

很多人都会因为一些很小的事而失去了最终的目标，这无疑是可悲的。

这个世界上还有更可悲的事情，就是到达目的地后才发现那不是自己想要的。

一个人忙于赶路，也有可能让自己找不到出路，最后慌不择路地走上错误的道路，等真正到达目的地之后，才发现自己从一开始就走错了。

经历了那么多艰难险阻，浪费了大把时光，却发现最初的目的地才是自己真正的追求。

当你迷茫之时，可以暂时停下脚步，别只顾着向前了，反思自己走过的路、反省自己，如此进行一番理智思考之后，你的眼前便会明朗起来，此时才更利于大踏步向前。

无论你做出了怎样的选择，你的命运都由你自己掌握。

每个开挂的姑娘，都曾努力到踉跄

每到周末，都会有很多漂亮的女孩来漫咖啡找我聊天。

她们的外表光鲜亮丽，基本都有自己的事业，只是她们和一般“女强人”的形象不同，穿着和妆容更多展现出女孩子的娇弱。如果仅看她们的外表，或者她们手中的名牌包包，咖啡店外停放的跑车，你肯定会怀疑她们的人生是不是开挂了。

事实上，她们只是付出了更多努力，而这种付出鲜有人知罢了。

谁都愿意把自己最好的一面展现在众人面前，而不愿意去诉说自己的奋斗史。女孩大多这样吧？就像喜欢把自己的美照放进朋友圈，而素颜照要想尽办法销毁一样。

在众多女孩中，给我印象最好的是钟雪。

她的个子娇小，脸上总挂着甜美的笑容。虽然才二十五岁，但已经是一个年薪过百万的超级房产业务员了。她这样的年纪，拥有如此成就，算得上是开挂了。

不过，了解她的人都知道，如今的所有成就，都是她一点点努力得来的。

她没有显赫的家庭背景，父母都是老实巴交的农民。大学毕业时，相恋四年的男友离她而去。她发誓要离开伤心地，便一个人跑去北京打拼了。

那时的房产中介公司，看她个头娇小，年纪轻轻，肯定吃不了苦，于是将她拒之门外。经过无数次尝试，她才终于被录取，开始了自己的房产中介业务员生涯。

起初，她没有一个客户，只能去大街上派发传单。

父母打电话过来说："一个女孩子在北京不容易，实在坚持不住，就回家吧！"

她咬着牙，在三个月之内，将公司附近的一套房子卖了出去。

当她聊到这段经历时，我忍不住问她："没有遇到特别难缠的业主？"

她说，有一次她拿着十万元的订金去找业主，结果业主气恼地吼道："这点钱是想侮辱我吗？"说完还把十万元钞票撒在地上。她只能蹲下去，把钱一张张捡回来。

如果换成别人，肯定会发誓，再也不理这位业主了。可她却安慰自己："做了这行，就会遇到这样的业主，这点困难不算什么。"最后，她通过无数次拜访，终于搞定了这位业主。

还有一些时候，明明谈好的业主，中途却突然变卦了。

她不知疲倦地奔走于业主之间，可并不是每次努力都能获得成功。

每当她感到压力巨大时，都会一个人偷偷跑进公园里大哭一场，哭完后仍旧保持微笑，就像什么事情都没有发生过一样，整个人又充满了活力与希望。

现在，她在北京买了房子，又被调回山西，负责山西地区的业务。

在很多人看来，她的人生就像开挂了一样，奔跑在同龄女孩的前面。可是，人们忽略了她娇小的个头，她曾经努力到踉跄，她曾在公园里号啕大哭。

我记得金星在自己的散文集《掷地有声》中写了自己成名前的很多经历。

她自己经营的一个舞蹈团是如何起起落落的，她做电视节目嘉宾时的各种有趣经历，她甚至坦言“自己的脱口秀节目也依赖于自己一个专长——跳舞！”

刚开始学习舞蹈的时候，她并不知道跳舞能为自己带来什么，只是因为已经决定跳了，所以就坚持了下来，也因为坚持而找到了跳舞的意义。

在学习舞蹈方面，她付出的努力比别人多，下的功夫比别人深，花的时间比别人长，吃的苦也比别人多，所以跳得就比别人好。内行都很尊重她，外行也很羡慕她，渐渐地，她的舞蹈功力达到了很高的水平，同行无法模仿，更无法超越。

她从此找到了自信，在舞蹈上的发挥也越来越好，自己的开挂人生也由此开启。

虽然她在舞蹈领域取得了非凡的成就，不过她并没有自我设限，又在脱口秀领域实力崛起。我想，很多人都会佩服她在“金星秀”里面的口才吧！

她的人生也是开挂的，因为她敢作敢为，努力到踉跄。

Part 3

形象：颜值时代，你的脸就是竞争力

这无疑是一个“看脸”的社会，女人自然应该学会保养自己的脸蛋，学会化妆，学会穿衣打扮，注重自己的仪态礼仪。很多时候，你的形象决定了你的气质，你的脸决定你是否受欢迎。女人不能邋遢到完全不顾自己的形象。

女人爱美是优点，不用改

小佳是漫咖啡一个分店的管理人。她属于务实派，从山西第一家漫咖啡开业时，她就是漫咖啡的员工，也算是“三朝元老”了。从最基层的服务员做起，一步步做到了管理者。

她最大的变化还是对于美的追求——以前上班化个淡妆，穿上工作服，相貌平平。现在妆容精美，衣着讲究，连身上的饰品都是精心搭配的。公司里的同事也总是开玩笑说：“佳姐，你是越来越漂亮了，真正地实现了逆生长啊！”

有一次公司会议过后，大家在一起聚餐，小佳说起了自己的妹妹。

小佳今年 30 岁，自己的妹妹才 13 岁，正在上初中。她说：“妹妹牙齿不整齐，暑假时想带妹妹去箍个牙，却遭到了老妈的反对……”

老妈说：“这么小的年纪，有什么好整的，认真读书才是硬道理。”

很多事情并没有你想的那么难，只是你缺乏应有的勇气。

人生不设限，才能创造无限可能的人生。

那一刻，小佳的内心是抓狂的，她看了一眼委屈的妹妹，又看看神情坚定的老妈，瞬间不知道该说什么好。以前母亲也是以这样的方式养育自己的：长得不好看不重要，站姿不优雅不重要，衣服不时尚也不重要，一切的一切都不重要，只要成绩好就行啦！

她也知道老妈那个时代的人，思想方式就是那样，为了供两个女儿读书，确实付出了很多。只是，女孩追求美不应该被完全否决，有时它比读书更加重要。她的成绩一直很好，也在工作上显示出很多优势，但是她从不化妆，外表显得太朴素。

那时，她画一条眼线都需要很长时间，想买一个漂亮的包包都要犹豫好多天。

她说："女人爱美，是多么正常的事，可在老妈的教育之下，自己为了美丽想往前走一步，都好像需要跨越千山万水，真让人不爽！"

还好后来她学会了打扮自己，不仅工作出色，外表也很出彩。

同事问她："那最后，你有带妹妹去箍牙吗？"

她笑着说："肯定有啊，我后来直接带妹妹去了医院，老妈知道后也没说什么。"

另一位女同事拍手叫好："干得漂亮！我以前也是不重视外表，只知道埋头读书，在青春期发育不好，变成了习惯性驼背，而我老妈也觉得那不重要……"

当然，小佳她们只是在讨论"女人应该追求美"的问题，而不是上一代人和当代人之间存在的观念差异，或者认知出现了鸿沟。无论哪个年代，女人爱美都是没有错的。

我记得三毛在自己的文章中写道："我只盼着快快长大，长到像母亲与姐姐一样能穿丝袜的年纪……”可见其爱美之心，居然与“长大”如此神圣的事情联系到一起。张爱玲也说过：“我又不是美女，如果不装扮成这样，怎能引起旁人注意？”

无论一个女人再脱俗、再成功、再神秘，都同样爱美。

我也是一个爱美的女人，而且很幸运的是，我老妈从来没有阻止过我追求美。我永远不会忘记，在读高中的时候，出差回家的老妈被班主任叫去谈话。

班主任说：“你女儿上课还照镜子。”

老妈只是笑，没有说话。

回家路上，老妈对我说：“女人爱美是优点，不用改！”

因为这句话，我才成长为今天的自己。

女人为什么爱美呢？肯定不是为了孤芳自赏，而是为了让他人赏心悦目。

我想，无论是成功者，还是领导人，甚至是普通人的圈子里，都信奉“爱美”的“潜规则”。人们会毫不掩饰地根据一个人的形象来判断别人，并且将“以貌取人”发挥得淋漓尽致。很多优秀的“千里马”，由于没有给“伯乐”们留下美好的第一印象，而被无情地淘汰，最终失去人生的宝贵机遇，与成功擦肩而过。

而那些重视外表的人，往往能够把握好初次见面的45秒钟，用第一眼征服对方。

衣服是女人的第二张脸

很多女人一生都在纠结自己的穿着问题：究竟什么风格的衣服才适合自己？每次逛商场都不知道应该买哪一件衣服？更不知道衣服买回家之后要如何搭配？

记得有一次，我穿着睡衣去菜市场买菜，被一位细心的网友认了出来。

我永远记得他无比洪亮的声音：“哇，这不是漫咖啡的美女大老板吗？哇，原来你长这样子吖？你怎么穿了一件睡衣？怎么还穿拖鞋啊？”

那一刻，所有人的目光都聚集过来，我无比尴尬，连菜都没有买好，便匆匆逃走了。

事后我还挺懊恼，难道去菜市场买菜，还要穿上粉色的晚礼服和高跟鞋吗？但这毕竟是一次教训，女人还是应该讲究一下穿着，不是什么样的衣服都可以随便穿在身上的。

关于女人的衣服，我有几点自己的想法：

首先，女人应该有自己的着装风格，而不是盲目地追求流行。

有的女人可能会认为，买新衣服就要买最新款式，紧跟当下的流行。于是，她们时刻关注着各大“时尚公众号”，对于当下的流行服装如数家珍，每一款流行服装开始销售，都希望能穿在自己身上，却很少会想：这款衣服是否适合自己？

相信我，这个世界上最多变的就是女人，瞬息万变的时尚潮流也赶不上女人善变的内心。

美国女人在穿衣服方面往往注重是否大方得体，无论她们的相貌是否好看，穿衣服总能穿出属于自己的风格。她们的审美观念不能说绝对完美，但她们确实有自己的审美倾向，而这和当下的流行并没有完全的联系。

一位长相气质俱佳的美女，可以将一件二十世纪六十年的绿军装，穿出复古知性的感觉。她的穿着可能与当下的时尚潮流无关，但是你不能说她的穿着不美。

一件衣服可能不会受到每个人的喜欢，但总会有人适合它；同样一件衣服，别人穿起来很好看，而你可能并不适合。所以在选择衣服的时候，要选择适合自己的，而不是完全被当下的潮流所左右。如果你能够建立属于自己的穿衣风格，并且将当下的时尚元素融入其中，变成个人品味，那么衣服怎么穿可能都不会出错。

其次，女人的衣着千万不要单一，要学会驾驭不同风格的衣服。

女人如花，在姹紫嫣红的春天里绽放风华，如果你不想被身边的花朵所淹没，就要保持衣着的多样性，不要永远以同一种风格、同一种色调出现在众人面前，因为谁都会审美疲劳。

你偶尔可以选择运动系服装，偶尔可以穿得休闲一些，偶尔选择时尚服装引领潮流……

你所选择的衣服，最好能符合你的年龄层次，符合你所处的场合。

在社交中，一个人的外表是否与自己所表现的相称，将决定别人如何评价你。因此，随着年龄层次的变化，参加聚会、酒席或其他社交活动时，衣着也应该随之产生变化。

当然，如果并非一些正式的场合，你可以穿得更加随意一点，比如我一个人在家时，就喜欢穿一件印度的丝麻衬衣，它看起来又宽又大，又薄又凉，我自己挺喜欢。

另外在选择衣服时，还应该考虑到自己的气质、肤色及身材。

这个世界上可能没有哪个女人会对自己的形象完全满意，不过你了解自己的优点与缺点，对于你的穿着打扮，还是有很大的帮助。

在很多女人看来，自己的衣柜里永远少一件衣服。

我想，每个人身边都有一群这样的女人吧？她们总是拿出自己的大部分薪水来买自己喜欢的衣服，不管是促销、节日优惠，还是换季打折，都可以成为她们购入新衣的理由。

当她们穿上新衣服的那一刻，自然会引来他人的赞美，会吸引很多羡慕或嫉妒的目光。她们需要的就是这种感觉：美丽而优越。所以，她们总会觉得衣柜里的衣服不够穿，其实她们更需要的不是一件衣服，而是一句赞美、一种优越感、一种自我满足感。

假如女人在眼花缭乱的衣服中迷失了自我，也是一件很可怕的事情。盲目消费，过于爱慕虚荣，都可以将一个女人毁掉。因此在购买衣服时，应该遵行一个原则：少而精！

你应该将自己的眼光抬高一些，在购买衣服时学会“挑剔”，无论颜色款式、材质做工，都应该“挑剔一番”，千万不要因为某一个元素的偏爱，就忽略了其他方面的优劣。比如你喜欢一件天蓝色的衣服，但是款式和做工并不好，那么你买回家之后可能就会后悔。

如果你确实自己很喜欢这件衣服，而它也很适合你，并且没有颜色款式、材质做工方面的问题，就爽快地掏出自己的钱包买单吧！相信总有一件衣服会适合你，就像一个人站在茫茫人海中在等你一样，那件衣服也在等着你。

那些读过《安娜·卡列尼娜》的女人肯定会知道，最佳的穿着应该像安娜·卡列尼娜那样，即使是一袭最普通的黑衣，也能够在一片姹紫嫣红中熠熠生辉，这样的女人才是最美的。

奢侈品不等于漂亮，合适才是最重要的

最近几天，助理小兰成了咖啡厅的“热点人物”，同事们都在讨论她刚买的那个包包。

“爱马仕的包包，最少也要一万块钱吧？”

“她怎么突然变成了富婆？以前也没发现她是‘富二代’啊？”

“别人有能力才买，你们就是仇富心理呗……”

听到这些议论，小兰自己却无动于衷。

那天上班，小兰提着自己的包包，小心翼翼地走进办公室。

她问我：“这个包包是不是不太适合我？”

我笑着回答：“挺好看的，也挺适合你，只要自己喜欢就好啦！”

她有些怅然：“同事们的眼神都怪怪的，他们只知道我买了一个名牌包包，却不知道我为了买它，吃了多久的方便面加咸鸭蛋……”

我好奇地问：“既然你的经济能力有限，为什么要买这么贵的包包呢？”

她回答说：“名牌包包看起来总会更漂亮吧！我喜欢漂亮的

包包。”

我点头：“这很好啊，能让自己开心就好。”

小兰离开办公室之后，我在思考一个问题：她对名牌包包是不是有什么误解？为什么会觉得名牌包包看起来总会更漂亮呢？

其实任何奢侈品都不等于漂亮，重点是要适合自己。

女人想要提高自己的品味，首先需要从外形打扮上提高自己，选择适合自己的品牌。

如今，各种奢侈品走在时尚的前沿，深受爱美女士的偏爱。

对于奢侈品，每个人都有不同的理解和认识：有人认为奢侈品是用来炫耀的，是彰显自己财富与社会地位的手段，就像一种标签；有人认为，真正的奢侈品是金钱买不到的，再昂贵的奢侈品，也只是生活的必需品；还有人认为，奢侈品也是一种文化，通过它能够看到社会的发展、时代的变迁，甚至是文化的传承……

如果将奢侈品单纯地理解成漂亮，那就是认识上的浅薄。

如果将购买奢侈品认定为“炫富”，那就是见识上的浅薄。

其实，任何一种奢侈品背后都隐藏着深厚的文化思想及历史工艺。比如爱马仕讲究的是“匠心精神”，并且忠于传统手工艺，尊重过去而不浮夸。如果不了解爱马仕，就算你提着爱马仕的包包，也从来没有真正拥有过她！

有的女人钟爱奢侈品，其出发点可能很简单，就要对美的追求与向往，对上层阶级的渴求，或者对生活品质的高要求。不过，昂贵的奢侈品也是一柄双刃剑，它能够成为你人生的驱动力，也能够摧毁一个人的生活，尤其是那些经济能力有限的人。

从社会学的角度来说，奢侈品往往与贵族生活挂钩，就算你没有能力购买，也应该有所了解。因为奢侈品背后隐藏着深厚的品牌文化和悠久的历史。很多奢侈品牌都是纯手工制作的，值得你拥有，更值得你了解。但奢侈品不等于漂亮，合适自己才是最重要的原则。

一个人可以奢侈，但是不能浪费，更不能打肿脸充胖子。

奢侈是一种生活方式，也是一种生活态度。你用自己劳动所得，购买心仪的奢侈品，装饰自己的外表，提升自己的品味，打开自己的社交圈子，本来就是高于物质追求。

我也喜欢奢侈品，但通常都是适合自己的，也不一定非要价格昂贵。只要它能够体现出品味和内涵，能够体现出个人对生活品质的追求，对生活的热爱，也就够了。

一个女人，拥有乐观积极的生活态度，比什么都更重要。

追求奢侈品是一种积极的生活态度，过于追求奢侈品却是一种病态。无论你所追求的物质生活是否奢侈，适合自己的才是最好的。对于那些迷恋奢侈品，又没有能力购买那些顶级大牌的人群，“轻奢”可能才是最适合自己的选择。

“轻”是一种优雅的态度，代表了低调和舒适、高贵与雅致。

“奢”是一种有品质的追求，代表着买家对于精致生活和时尚的向往。

轻奢就是一种“没负担、有品质”的生活态度。

在人们可以承受的经济压力下，如果能够在物质与品质之间寻找到可靠的平衡点，自然能够获得精神上的极大满足，从而让自信感得到提升。

如果你对高品质生活充满了追求的欲望，也不必总是迷恋那些可望而不可即的奢侈品大牌，只要找到适合自己的轻奢品牌，同样能够获得有品质的生活体验。

巧施粉黛，掌握妆容的关键细节

闺蜜约我逛街，结果她自己早到了半小时，无聊之际给我打电话："喂，你还要多久啊？"

我一边描眉一边说："再等我 20 分钟，我还在化妆呢！"

她有些不耐烦："你不是已经化了一个小时吗？怎么还没有化好啊？"

我说："我化妆比较慢，最少也要一个小时才能画好啊！"

她顿时无语，也无话可说。女人出门前化个妆，多正常的事情啊！现在对于大部分女孩子来说，已经不是洗个脸就能出门的时代了。以前也有朋友等得不耐烦了，说："至于吗？又不是去参加颁奖礼，非要化个妆才出门？"

我回答："至于，化妆不仅能使女人更美，也是对他人的尊重。妆容精美和素面朝天，你更喜欢哪个？化妆给予女人一定的仪式感，同时也能让他人感觉到被尊重了。"

朋友却说："不理解，除非是特别的日子，否则我不会化妆出门……”

在她眼中，化妆就是一件麻烦的事情。

在这个拼颜值的时代，女人不应该随时随地都保持自己貌美如花的状态吗？

我有一位客户，每次见到她都是一身精装、一抹红唇，妆容精致如同宫里的贵妃。

有一次，她受邀参加一个公益活动，却只接到电话通知，没有收到邀请函。原来，是活动方的经纪人漏发了。万分紧急的时刻，经纪打来电话说:“怪我大意了，你现在马上过来吧，反正我知道你不用特意装扮，都是走红毯的妆容……”

因为她永远盛装，别人才能随时放心地邀请。这种信任是肯定，也是赞美。

古人说“粉黛至则西施以加丽”，意思是巧施脂粉画眉，西施会更加美丽。

古人说“女为悦己者容”，古代女子化妆是为了心爱之人，现代女子化妆却不再只是为了取悦自己的心上人，更是对自己、对他人的一种尊重。

巧施粉黛，能够让优雅的女人更加光彩照人，这也是时尚女性追求完美的必要手段。所以作为现代女性，你必须掌握妆容的基本原则和关键细节。

女人的妆容并不是简单地化个妆就行了，除了正确使用各种化妆品之外，还要遵循三大原则，那就是时间、场合和事件。

在不同的场合，女人所需的妆容也是不同的，你要学会根据场合的需求，化适宜的妆容。

如果是在社交场合中，女人就不应该素面朝天地出席，而应该略施脂粉，让自己的状态保持最佳。女人的妆容得当，参加任何活动都能吸引眼球，成为全场的焦点。

如果是在工作时间里，女人的整体妆容应该以清新淡雅为主调，不能过分突出职场女性的性别特征，否则容易给同事留下招摇的感觉。清新淡雅看起来舒服，并且值得依赖。

如果是在晚宴上，妆容可以化得浓一点，可以追求优雅与华丽，但是要注意唇彩和腮红的颜色，要与自己的形象协调。

运动或旅游时，比较适合化淡妆，妆容太浓只会让身边的人感觉不自在。

另外，掌握妆容的关键细节也很重要，比如补妆时要选择合适的场合，谁都不愿意看到一个女孩在公共场合拿出化妆包补粉或涂唇膏。这样的行为显得不雅观，甚至不礼貌。

在某些场合有专门的化妆间，或者你可以到洗手间补妆。在办公室或者其他公共场合，或者在异性面前补妆，同样显得不够优雅。

有的女孩对别人的妆容很感兴趣，甚至会当面观察、评价他人的妆容，这也是一种不当的行为。如果你不想破坏自己在别人心目中的形象，不想发生矛盾，就要尽量改掉这种习惯。

每个人的审美不同，化妆技巧也不一样，你不能随便对别人的妆容品头论足。

最后，不要随便借用别人的化妆品，除非是某些特殊的情况，实在需要借用，否则尽量不要。那样既不卫生，又会让人觉得没有礼貌，特别是借用陌生女性的化妆品。

我的化妆心得就是：随着场合的变化而变化，根据不同场合选择不同的妆容，比如职业妆、宴会妆、约会妆等等。当然，每个人的化妆习惯也不同，有人会看自己的心情化妆，只要显得优雅美丽，大方得体，什么样的妆容都可以尝试一下。

女人和化妆品，正如鱼和水，美丽的女人正是如鱼得水，自然而优雅。

闻香识女人，正确使用香水

香水的魅力就在于它能体现出女人的优雅与品味。

漫咖啡的前台有好几位年轻帅气的小伙子，他们的身高差不多，相貌差不多，都穿着一样的工作服，可大家却对其中一位小伙子印象深刻——他就是小吴，一位懂得“闻香识女人”的小伙子。据说，他的鼻子十分灵敏，对香水很有研究，每一位从他身边经过的女性顾客，只要擦了香水，他都能猜出是什么牌子的香水。

对于这一点，我早已深信不疑。

有一次，小吴跟我出去采购一点东西。在地铁上，他居然闻出了身边女人用的是范思哲香水。我很诧异地看着他，他笑着说：“我不太喜欢这一款，香味有点太浓了，刺鼻……”

他明明离女人有一段距离，也没有转头去闻，难道是香水自己飘进他的鼻子里吗？

我也试探性地嗅了嗅周围的空气，结果什么也没有闻出来。

难怪漫咖啡的女同事都喜欢问他香水方面的问题，看来他对香水的研究很深啊！

我自己对于香水则没有太多讲究。

记得上大学的时候，有一次去校门口收一个快递，接到一个香水的宣传单和一瓶小小的试用装。那是我的第一瓶香水，那会儿我也没有对香水产生什么兴趣，只是觉得它的包装很精美，味道淡淡的，闻起来很舒服。即使到现在，我仍旧没有忘记那种淡淡的味道。不过，我忘了那是什么牌子的香水，以后无论尝试过多少种香水，也没有再闻到那种淡淡的香味。

如今，香水已经成为一种文化，每一位优雅的女人都会拥有属于自己的几款香水。它能够帮助女人吸引更多关注的目光，同时也能够体现出女人的品味与修养。

世界上没有哪个女人不爱香水，但不是每个女人都知道哪一款香水适合自己。

有的女人站在柜台前张望很久，看着众多品牌的香水不知所措，然后在售货员的“好心”建议下做出选择。这样盲目地选择香水，恐怕很难找到属于自己的香味。

在选择香水时，一定不要心急，再好的香水也要慢慢去闻，才能渐入佳境。

因为香水抹在皮肤上，一般需要半个小时才能充分散发，所以不能去商店嗅几种香水，然后就匆匆购买。最好的方法是每次只试一种，抹在皮肤上，等半小时再确定你的感觉。第二天再试另外一种，这样最终找到适合自己的香水。

另外，在选择香水时，还应该遵行一些原则：

年龄不同，选择的香水款式也不同，只有适合自己年龄段的香水，才能彰显出魅力。

香水的味道还需要与服饰相匹配，这样才能为女人的美丽加分。

在不同的场合，面对不同的人，也需要选择不一样的香水。

比如在家庭聚会上，如果你不想让长辈们“另眼相看”，最好选择清新优雅的果味香水；如果和闺蜜约会，可以随自己的心情选择香水；如果是自己钟情的恋人或异性，则可以选择柑橘水果或苔类香草为原料的香水，它能让你更具吸引力，从而挑动对方的激情。

上班时最好选择有亲和力的香水，比如茉莉花或小雏菊香型的香水；公司会议时，同样不能使用过浓的香水；参加宴会时，香水应该喷在腰部以下，这是最基本的礼仪，香水也应该选择清新淡雅型，避免影响食物的味道或降低食欲；如果是在年会或酒吧，则可以突破一下自我，选择浓艳型的香水，比如玫瑰或紫罗兰花香的香水……

香水也是一种奢侈品，价格通常不便宜，所以要好好保管，避免高温低冷的环境。

有一句话说：“爱情与香水都不能储藏。”香水的保持期一般在三年左右，但买了香水，最好不要储藏起来，而要尽情地使用。在使用香水的过程中，也要注意以下几点：

第一，在喷洒香水之前，女人最好能够洗一个美美的澡，不能让自己的体味掩盖过香水的味道。要知道，香水并不是用来掩盖体味的，而是让女人散发出自然的“体香”。

第二，喷洒香水的时间要掌握好，一般在出门前 20 分钟左右喷洒香水。

第三，喷洒香水的位置也很重要，脉搏离皮肤比较近的地方是最佳的选择，比如手腕、脖子、耳根、膝部、踝部等，脉搏的微热能让香水持续散发。在参加宴会时，如果选择浓艳型香水，则可以喷洒在锁骨或腰部，这样能够让香水缓慢散发，让你整个晚上都处于最佳状态中。如果你要外出，香水最好不要喷洒在阳光能照射到的皮肤上。

第四，香水与服装、配饰也要搭调，不要在白色衣服上喷洒香水，那样可能会留下污渍。如果你要佩戴金银珠宝饰品，最好先喷香水再佩戴，这样能够防止首饰损伤和褪色，特别是珍珠饰品，很容易受到香水中的化学成分的影响，变得灰暗无光。

一款高档的香水，不仅香气怡人，包装也很精美。香水用完了，空瓶可以当成工艺品来收藏。我喜欢将用完的香水瓶拧开，放进衣柜里，时间长了，衣物上也会散发出清香。

令你风姿绰约的仪态礼仪

以前上大学时，宿舍里有一位广告专业的高材生，大家叫她叫小露。

虽然她的名字听起来静谧婉约，如荷尖上的露珠般清雅，但现实中她却是一位大大咧咧的女孩，从来不讲究什么仪态礼仪，经常是横着走路，叉开腿坐下，一副很豪迈的样子。

生活中，她也从来“不拘小节”，总是素面朝天，穿一条破洞牛仔裤。

小露是高材生，每次做出来的广告方案总是创意满满，非同凡响。

大三寻找实习单位，她带着自己的广告方案去了一家不错的广告公司。

公司老总亲自面试，结果没谈几句话，小露就“原形毕露”了。她居然在老总面前翘起了二郎腿，在描述自己的方案时，肢体动作也很夸张。

老总皱起眉头说:“实在抱歉，我们公司需要工作态度和生活态度都认真严谨的员工，你在举手投足间都给我留下随意、邋遢的感觉，我们公司可能不需要你这样的人才！”

她急忙解释说:“请给我一次机会，我的广告创意很好的，不信你可以看看……”

老总最终没有给她机会，因为她的仪态让她的形象掉分了。

如果她能够稍微注重一下自己的仪态礼仪，或许就能面试成功，毕竟她是有才华的女孩。

达芬奇说过:“从仪态了解人的内心世界，把握人的本来面目，往往具有相当的准确性与可靠性。”作为画家，他的洞察力肯定比一般人强很多，看人也看得更加准确。

一个优雅的女人，在日常生活中也必定会注意自己的仪态礼仪。

首先是站姿，我认为标准的站姿应该是挺、直、高——挺胸收腹、后背挺直、目视前方，从整体上帮助提升女人的服装与造型效果，增强女人的气场。

有的女人天生就气场强大，就像暗夜里闪耀的星光，出场便是朋友圈中的“灵魂人物”。还有的女人经历丰富，阅尽千帆，终于有了淡定从容的气场。

这些气场都可以通过优美的站姿来体现。

其次是坐姿，这一点很重要，入座时轻轻走到座位前，记住要保持上身端正，让你的小腿显得更加修长。入座时也不要将腿叉开，那样会显得不合乎礼节。

如果穿的是裙子，则要将裙摆轻轻收拢，然后再入座，这样看起来更娴静端庄。

然后是走姿。最好能够走出 T 台模特的效果，只要经过长期训练，你也可以走出自己的风范。在平常生活中，你不必走得像模特那样夸张和职业化，但也要尽显优雅。

起步很关键，记得要平视、挺胸、收腹、肩部放松，最好能够走在一条直线上，脚尖永远向外，就像小猫那样迈着优雅的步伐前行。

行走的时候，步伐不能迈得太大或太小，应该保持自然稳健，带有一定的节奏感。与他人同行时，不要排成横队，更不要勾肩搭背。遇到紧急情况可以加快步伐，但不能慌张奔跑。

如果穿的是高跟鞋，脚底板可以平一点伸出去，让脚尖先着地，最好能够像芭蕾舞演员那样，让自己看起来步伐轻盈而优雅。

再说一下蹲姿。如果你的东西不小心掉落了，肯定需要蹲下来拾起。这时，你需要做一个左膝高、右膝低的姿势，双腿和膝盖并在一起，用侧面对着人较多的方向，左手挡住胸前，右手向下抚裙摆，然后拾起掉落的东西。这样做显得优雅端庄，又不会走光。

最后一点是微笑，也是我觉得最重要的一点，因为微笑是人类最基本的神态，每个真诚的微笑都能让人如沐春风，消融彼此间的隔阂。

一个懂得保持微笑的女人，她的形象和工作能力更能得到众人的认可与赞赏。

无论面对怎样的人和事，都应该用微笑来应对，这样能够体现出一个女人良好的道德修养、文化修为和挚厚的胸怀。这种诚挚会给别人留下难以磨灭的美好印象。

哪怕生活给了你千万个哭泣的理由，你也要找到那比千万多一个的理由来微笑。

卡耐基曾经说过：“微笑，在别人心中造成的快乐会像回力板一样飞回给你；在别人心中造成快乐的感觉，将使自己觉得更加快乐。”真诚的笑容应该是发自内心的，会让人觉得和你在一起很愉快，你对他是尊重的。

如果你的心情不好，实在笑不出来，千万不要勉强自己假装微笑。因为任何人都不喜欢看到一张不够真诚的笑脸。

女人就应该活得优雅，在举手投足间散发出迷人的气质。女人仪态大方、风姿绰约，正如月光下缓缓流动的暗香，沁人心脾，令人久久难以忘怀。

Part 4

志趣：既要好看的皮囊，又要有趣的灵魂

一个有趣的人，不会随波逐流，更不会迷失生活的方向，他会自律，抵得住眼前的各种诱惑；一个有趣的人，非常善于用乐观的情绪包裹自己，以此让周围的人卸下防备和伪装，以便接收善意和能量；一个有趣的人，一定懂得爱和尊重，懂得如何信任他人以及怎样赢得他人的信任，并活成自己喜欢的样子。

永远别放弃做一个有趣的人

我的朋友，一位漂亮不缺温柔的女孩，海归，各方面条件都不错，即便如此，却被拒绝了很多次。当再一次被一个优秀的男孩拒绝之后，她崩溃痛哭，她问男孩："为什么拒绝我而选择她，她哪里比我好了？"男孩只回答了五个字"她比你有趣。"态度决绝地不给女孩多说一个字的机会。

女孩跑来问我："她长得没有我好看，还好吃懒做，她到底哪里有趣了？我哪里比不上她？"

我对女孩说："当下的这个时代，漂亮的外表比比皆是，但有趣的灵魂却万里难寻。"

女孩情绪渐稳，略带茫然："我自认为自己并不是一个无趣的人。我就是运气太背！"

什么样的人才算是一个有趣的人？这个定义不难解释，也不难理解。

我认为，有趣与年龄性别无关，与学历能力无关，与贫富美丑无关，有趣其实是一种由内而外的修养。

会讲笑话的人并不一定是有趣的人。一个有趣的人，一定能掌控生活。一个小想法就能创造一个“小确幸”，在一个有限的世界里创造出无限的可能；一个有趣的人，首先他必须善良，这份善良里又不乏锋芒，他可以勇敢地表达自己的意见，也可以适当保持沉默，他必须做到从不对别人的生活指手画脚；一个有趣的人，不会随波逐流，更不会迷失生活的方向，他会自律，抵得住眼前的各种诱惑；一个有趣的人，非常善于用乐观的情绪包裹自己，以此让周围的人卸下防备和伪装，以便接收善意和能量；一个有趣的人，一定懂得爱和尊重，懂得如何信任他人以及怎样赢得他人的信任，并活成自己喜欢的样子。

所以说，有趣是一种心态，一个有趣的人，无论身处高堂，还是行走陋室，都能以平和的心态面对一切。

当我们变成了一个有趣的人，我们会发现，这个世界如此温暖，我们会因为这些温暖而热泪盈眶，从此不再胡思乱想、坐立不安。我们可以尽情地把自己的有趣展现给这个世界，并得到同样丰富的馈赠。

有一个男孩默默喜欢一个女孩好久了，但他根本不知道怎么和这个女孩搭讪。

一天，他鼓足了勇气拿起了手机，准备给女孩发信息，可是好久才发出了两个字：“你好！”

果然，女孩一直没有回复。

男孩抱着手机失落地呆坐着。他身边的朋友看不下去了，抢过手机，打了一串文字过去：“小师妹，我是二年级的师哥，迷恋健身，你长的真好看，我们能成为朋友吗？”

让男孩喜出望外的是，女孩回复了：“可以一起去健身。”后来，小师妹成了男孩的女朋友。

在美国，对一个人的最高褒奖不是你有钱或者多有才，而是，你是一个很有趣的人。而人们最怕听到的评价则是：你这个人很无聊。

台湾著名诗人余光中在《朋友四型》里把人分四种：第一型，高级而有趣；第二型，高级而无趣；第三型，低级而有趣；第四型，低级而无趣。把有趣和无趣当作分类的标准，可见做一个有趣的人是多么重要。

人人都排斥无趣的人。一个无趣的人，会是一个粗糙、麻木、肤浅的人，他甚至是怨天尤人，觉得这个世界欠他的，对他太不公平。人人都喜欢和一个有趣的人待在一起，一个有趣的人会成为生活的“快乐源”，会带给周围的人积极和奋发的力量，会让这个世界变得可爱，会让人多么的不舍。朱光潜先生说：“我生平不怕呆人，也不怕聪明过度的人，只是对着没有趣味的人，要勉强同他说应酬话，真是觉得苦也。你对着有趣的人，你并不必多谈话，只是默然相对，心领神会，便可觉得朋友中间的无上至乐。”

有趣不一定要多优秀。比如《射雕英雄传》里老顽童周伯通，他武功盖世，却整天疯疯癫癫，但所有的观众都喜欢。我们的生活里，优秀的人永远不缺，但有趣的人却最难遇见。

在朋友找人咨询时，我花了更多的时间去谈论他们的生活，帮助他们学会在未来的生活里如何与困难相处。我不嘲笑，只尊重。

做一个有趣的人是我们的原始需求，和有趣的人在一起，会快乐许多！

活得有趣，才能活得出彩

几年没联系的大学同学突然发来短信：“最近挺无聊，约饭吗？”

直觉告诉我，她有心事，想找我聊天，于是回复：“OK，地点你选。”

过了好一会儿，她才懒洋洋地回复：“我来漫咖啡找你吧，等我！”

第二天，她果然出现在漫咖啡，还是当年的装扮，只是衣服和裤子的颜色变了，从藏青变成了灰绿。“几年不见，你居然没有什么变化……”我只能这样打招呼。

“是不是和当年一样，年轻、漂亮、身材棒棒哒？”她露出笑容，依旧朴实。

“对啊，这些年你躲进时光隧道了吗？”我问她。

她突然有些黯然：“我是把日子过得太无聊了，千篇一律，这几年迷迷糊糊就过来了。”

我们挑了一个安静的角落坐下，她开始讲述自己这几年的经历：

工作无趣，每天都是重复同样的工作，面对同样的人；

生活无趣，一日三餐不知道吃什么，吃什么也味同嚼蜡；

周末无趣，看书会睡着，打球又感觉累。

她甚至没办法坐下来听完一首歌，或者去电影院看完一部电影。

我问她："你这是怎么了？过得这么无趣？"

她无可奈何地说："只是觉得生活没意思啊！"

"没有谈恋爱吗？"我问。

"谈了啊，刚分手，不想谈了。"她回答。

"你是不是需要一场说走就走的旅行啊？"

"分手后就去旅行啦，旅行也没意思，上车睡觉，下车拍照，同行的人都死气沉沉。"

"看来，你需要把生活过得有趣一些才行。"我这样开导她。

"我也想啊，可我找不到生活的有趣之处。"她一脸茫然。

那一刻，我也有点不知所措。

每天，在我们身边，总能听到有人抱怨"日子无聊""生活没意思""不知道想要做什么"。这些人的脸上永远写着"生无可恋"，好像生活欠他们几百万一样。

有位名人说过："这个世界上好看的脸蛋太多，有趣的灵魂太少。"

人们似乎都想在自己身上贴上"有趣"的标签，这样生活也会变得有趣起来。

在国外，评价一个人的标准往往是"有趣"。如果被别人评价为“无趣”，那就是失败的，因此国外有人说过：人生最大的失败就是无趣。

你可以想象，和一个无趣的人一起生活、工作、聊天，会是怎样的感受吗？

我有一位朋友将自己的微信签名写成“活得有趣，才能活得出彩”。

我第一次看到这句签名时，心里忍不住夸他真有才华。

他评价任何事物的最高标准，似乎必须是有趣，可是什么样的人或事物才算得上有趣呢？他曾经发过一条动态，配了一张搞笑的图片，并且配文说：

“上高中时，物理老师问学生一个问题：如果有一条鱼从九楼掉下去，会怎么死掉？学生一阵议论，随后有学生回答：会吓死！全班顿时笑成一团。这算有趣吗？”

朋友们在下面评论说：有趣，有趣，当然有趣。

如果你的身边有一些“有趣”的朋友，生活也会变成有趣起来。你会渐渐发现，自己永远不知道下一秒会发生什么，是惊喜，或者是惊吓。不管是哪一种，都会让你平淡的生活激起涟漪，给无聊的日子平添几抹色彩。

或许你曾经的梦想是成为作家、医生、探险家，而现实终究没有给你想要的生活，这时你还有能力选择做一个有趣的人，哪怕你的人生平淡无奇，但是可以普通得很有趣。

我从来不会害怕生活变得平庸，但是却害怕生活变得无趣，就像我不害怕自己是一个普通人，却害怕自己是一个无趣的人。如果有一天，我觉得日子无聊，生活无趣，没有期待，不再好奇，甚至不再有进步，是不是说明我老了？或者我变成无趣的人了呢？

每个人的人生轨迹千差万别，又大同小异，读书、毕业、恋爱、结婚、生子、慢慢老去……听起来多么枯燥无味啊！这时，你有没有想过改变一下自己的生活呢？让日子过得有趣一点，让生活多一点色彩，让自己快乐起来，充满期待与希望。

我想，真正的有趣，不是非要跑去澳洲的大海里游泳，不是非要站在东京铁塔上向心爱的人表白，也不是非要经历人生的大起大落，或者一些惊心动魄的事件。

真正的有趣是发现平常生活中的可爱之处！

一只迷路的小蜜蜂突然飞进办公室，停在你的办公桌上，有趣吗？

一片红色的树叶飘落下来，正好砸在你的头顶上，有趣吗？

一张照片被朋友转载，然后被 P 成了丑八怪，有趣吗？

当你学会与日常琐碎之事“谈情说爱”时，你自然就是一个有趣的人。

幽默是最高级的情商

如果有人问我：什么样的女人最有魅力？

我会毫不犹豫地回答：具有幽默感的女人。

如果有人让我做选择：要成为美丽的女人，还是成为幽默的女人？

我同样会毫不犹豫地选择成为幽默的女人。

这个世界最不缺少的就是美女，但是有趣的灵魂却不多。如果一个美丽的女人具有幽默感，那她必然会成为朋友圈的“宠儿”。

我自己的幽默感不足，但是我身边不缺有幽默的朋友。

朋友橙子算是其中一个。她不美，脸上长了一块淡紫色的胎记，后来做了激光祛除手术，仍旧留下一块明显的疤痕。老妈看着她的脸，忧心忡忡地说：“以后怎么嫁人哦！”

她的内心强大，无所谓地说：“谁说我要嫁人？以后让他入赘不行吗？”

后来，真的有一个男人入赘她家，而且那个男人长得帅，事业好，最重要的是，非常爱她。每年情人节，她都能收到他送的礼物，然后她就在朋友圈晒自己的幸福。

朋友看到，都为她感到高兴，点赞，并评论。

有人问那个男人：“你喜欢橙子什么？”

他回答：“我喜欢她的幽默感，和她在一起的时候，感觉特别轻松，特别快乐。平时做生意又忙又累，回家和她待在一起，什么烦恼疲惫都没有了。”

橙子的幽默感体现在生活的方方面面，比如一句话、一个动作、一件小事。

有一次，他熬夜工作，饭局上吃辣，脸上长了三颗痘痘。正当他站在镜子前苦恼，想要将痘痘挤掉的时候，她跑过来，阻止道：“别挤别挤，你仔细看看这三颗痘痘的布局，不是典型的底部‘红三兵’吗？如果现在大单买入，后市肯定会暴涨的！”

他噗嗤地笑了，没想到长痘痘这种烦心事也能变成笑点。

生活中，这样的小细节还有很多。每次他遇到困难，感觉压力大，不开心的时候，她总能用幽默的方式来激励他、陪伴他，让他放宽心，让生活变得轻松无压力。

老妈见她过得幸福，也会提醒她：“这样好的男人，可别轻易弄丢了。”

她自信满满地说：“我不怕啊，我相信他的智商，这年头美女都烂大街了，可是一个能够让他放松，让他感到快乐的女人，却不好找哦！”

对于女人来说，幽默是最高的情商。幽默的女人，魅力值满分。她们就像磁石一样，吸引身边的人，让大家活力满满，心情舒畅。她们善解人意，总能用幽默的方式来缓解紧张的气氛。只当你没有退路的时候，前进就成了唯一的方向。

女人经历丰富，阅尽千帆，才有了淡定从容的气场。

要有她们，聊天从来不会尴尬，空气永远不会凝固。

相反，如果一个女人缺少幽默感，那将是一件很可怕的事情。

以前广告公司聚餐，允许员工带家人参加饭局。同事们都喜欢把自己的“另一半”带过来，大家聚在一起吃饭、聊天，氛围热闹而和谐。

只有老李从来没有带自己的“另一半”参加过饭局。

同事们在私下讨论：难道是老李觉得自己的“另一半”拿不出手？还是他的“另一半”性格腼腆，不善交际？不管因为什么，也应该带过来认识一下啊！

同事说了很多次，让老李把“另一半”带过来一起吃饭，老李都委婉地拒绝了。

后来，几位女同事“炮轰”老李，他才终于答应了。

某次饭局，老李的“另一半”盛装出席。

她长得很美，虽然属于微胖型，但五官很精致，有点杨贵妃的感觉。

饭局上，她也没有表现出腼腆的样子，只是不爱笑，吃饭、说话都认认真真的。

酒过三巡，男同事开始说段子逗乐，其中一位男同事说了一个关于胖女人减肥压死马的笑话，引得全场一阵哄笑。只有她，一言不发，然后默默走到那位男同事身边，将桌子上的果汁直接泼到他脸上。那一刻，全场人的表情瞬间凝固，连空气都不动了。

老李尴尬地向同事们欠了欠身，然后抓住“另一半”的手臂离开了饭局。

事后，老李向同事们道歉，说他的“另一半”并没有恶意，只是以为那个笑话是在说她，这也是他为什么一直不想带她参加饭局的原因：她毫无幽默感，还很敏感，动不动就感觉被冒犯了，一被冒犯就会不顾身份场合地发脾气，做出一些让人瞠目结舌的事情来。

同事们没有责怪老李，反而对他深表同情。特别是身为女人的我，实在无法想象老李活得有多压抑，每天面对一个毫无幽默感的女人，是不是都如同活在针尖上呢？

如果女人太较真，随时感觉被冒犯，谁和她生活也会被压得喘不过气来。

幽默的女人则不同，就算你讲了一个笑话来埋汰她，她也会毫不在意，甚至用另一个笑话顶回来。这才是交际的乐趣，才是活跃气氛的好女人。

当然，幽默也是一种艺术，表达得好，能够活跃氛围，拉近人与人之间的距离，表达得不好却会起反作用，甚至会刺伤别人，特别是一些“过分”的玩笑。

朋友冬梅最近两年胖了不少，身边的同事都爱拿她开玩笑：“别人是巴掌脸，你是屁股脸吧！”“你的大象腿看起来很结实啊！”“说真的，我好心疼你身上的衣服……”

这样的玩笑让冬梅感到很难堪。起初她也没有太在意，认为别人没有恶意，只是说话比较幽默。但是这样的玩笑开多了，心里却很不好受。

有一次，同事看到冬梅带了一大包零食走进办公室，就大声地说：“冬梅，你都胖成猪了，还吃这么多零食啊！”

冬梅窘迫不已，红着脸没有说话。

同事见她有些生气的样子，又撇了撇嘴说：“真小气，开个玩笑都不行！”

我想，很多人都被这样“锋利”的玩笑刺伤过。只是因为这些开玩笑的人情商太低，而且不懂得什么是真正的幽默。要知道，对于很多人来说，只要涉及外貌、个人尊严、隐私、地域等方面的玩笑都是禁忌。有的男生甚至不接受金钱、能力等方面的玩笑。

情商高的人在开玩笑时也懂得适可而止。你可以开玩笑，可以幽默，但是不要嘴贱。比如，你可以开玩笑说朋友“胖乎乎”，但是不能说他“胖成猪了”，开玩笑和侮辱并不是一回事，幽默和嘴贱也完全不同，直率和不知轻重也不一样。

那些高情商的女人，能把幽默发挥到极致，却不会随便“刺伤”别人。

因为她们懂得分寸，更懂得给别人留下一点余地，给自己留下一条退路。

如果谈话能够让双方都感到愉悦，才是最好的选择。

你要雌雄同体，才能无往不胜

女人的形象千变万化，就像她们的个性一样丰富多彩。以前女人大多保持“貌美如花，温柔似水”的形象，现在“女汉子”和“女强人”层出不穷，让女人的形象更加丰满。

经常会有女性朋友跑来问我：“在家做全职太太好不好？”

我的回答都是：“看你自己想过怎样的生活。”

至少我身边有一群打死也不愿意做全职太太的女性。

从古到今，无论男人女人，可能都有一种希望有人养的心态，这也正常，因为谁都想通过最简单的方法，得到更多的安逸与享受。不过，全职太太也不是那么好当的。

有时，女人活得独立一点也很好，就像现在流行的“女汉子”。

作家苏芩在自己的新书中写道：“你要雌雄同体，才能游刃有余。”

“女汉子”是女人独立的一面，而不是把自己活成“真男人”。

独立的女性也不是什么都不需要依靠，只是拥有独立的个性与人格魅力，懂得一点男性思维，更懂得如何修炼自己。

记得有一段时间，工作压力特别大，便回家休息了两个月。

那段时间，我听到最多的一句话就是：“你这个女强人，怎么能在家待得住呢？”

我有些错愕，因为我从来没有把自己当成“女强人”。无论事业上的小成就，还是学习《易经》的小成就，都感觉和“女强人”相差太远了。

后来，仔细想了想，我确实有“女强人”的一面——不管遇到什么问题，我都不喜欢告诉家人，而是自己去解决。这一点也够有“男人味”了。

这样说来，我也算是一位“雌雄同体”的女人。

为什么有的女人总是受伤？总是抱怨现实残酷，自己经历太多打击？

其实，只是她们的内心过于脆弱了。在充满荆棘的现实世界里，如果你自愿脱下铠甲，变成柔情似水的女人，就要做好随时受伤的准备。女人柔情的一面，只能展现在亲近的人面前，否则就是暴露自己的软肋，受伤也在所难免了。

每个女人都在寻找一个可以依靠的男人，最后才发现能依靠的那个人原来是自己。

因此，在没有遇到那个真正可以依靠的男人之前，女人应该像男人那样活着，勇敢、独立、有担当。哪怕做不到让每个人满意，也要让自己满意。在现实的世界里，没有谁能够取悦所有人，就像淅淅沥沥的春雨，在农夫看来能够滋润麦苗，在行人看来却是恼人的泥泞。

女人要记住，你不是人民币，不可能人见人爱。哪怕是手艺最精湛的厨师，也不可能满足所有人的胃口，因为众口难调，有人偏爱清淡，有人无辣不欢，有人却喜咸。

生存于世，最应该了解的就是自己的优缺点，不卑不亢。

如果有人打击、毁谤你，要想起自己的优点，想起自己最有价值的地方，并且告诉自己："别人根本不了解自己，自己没有别人说的那么差。"

如果有人夸赞、迎合你，也要提醒自己不要迷失，要想起自己的不足之处，告诉自己："别人并不了解真实的自己，自己也没有别人说的那么好。"

直到有一天，你终于找到一个可以依靠的男人，也不要完全依赖于他。因为他也有离开的时候，你要永远保持自己的独立性，就像舒婷在诗里写的那样：

"我必须是你近旁的一株木棉，作为树的形象和你站在一起。根，紧握在地下；叶，相触在云里。每一阵风过，我们都互相致意，但没有人，听懂我们的言语。"

女人要"雌雄同体"，才能无往不胜。这可能是对现代女性最好的注解。

女人越自律，活得越高级

我认识一位自由撰稿人。她属于半路出家、大器晚成的类型。

我和她是在一个写作交流群里认识的。那时，漫咖啡的运作进入了正轨，我的闲暇时间也越来越多，于是开始学习写作，加了很多写作交流群。

她有一个诗意的名字——浅风絮语。

刚认识她的时候，她还在银行里工作，每天坐在柜台边处理各种事务，只有晚上才有时间写作。由于我们有共同的兴趣，经常在一起交流写作心得，还会相互鼓励。

相比之下，我要幸运得多，因为我坐在办公室里，有手机，有电脑，想写的时候就能写上一段练练手。她却不行，因为她每天要不停地接待客户，连手机都没时间碰。

哪怕如此，她每天也比我写得多，进步也比我快。

我忍不住问她：“你白天上班，晚上不睡觉，去写东西，不累吗？”

她却反问我：“女人不就是应该对自己狠一点吗？”

我真担心她哪天会坚持不下去，可没想到，她却熬出来了。几年的坚持没有白费，有好几家出版社和她签了供稿合约，还签了几本书。随后她便将银行里的工作辞了，做自由撰稿人。

我想，她绝对是一个自律的女人，一个自律到骨子里，懂得对自己下狠手的女人。

自律不仅能带来自由，还能带来地位。女人越自律，活得越高级。

如果女人连自己都管不住，生活为什么偏爱于你？好日子过得太舒坦，总爱宠着自己的女人，生活不会永远都称心如意。自律能够改变人生，这是每个人都懂的道理。

自律就是有效地自我控制，包括自己思想行为必须遵从自己的内心。当你有了自己的想法后，就不要让他人的想法影响到你的信念。有了目标就要忍耐，就要坚持走下去。如果你很确定那就是自己想要的，就要不在乎别人的看法，努力实现自己的人生目标。

一个不懂得自律的女人，即使拥有再美的容颜，也像塑料花一样没有灵魂。

假如你不主动控制自己的人生，就会有其他人来控制你的人生。

假如你不努力赚钱，总有一天你会因为没钱而步履维艰，始终被贫穷所困扰。

假如你不认真工作，你就会倦于工作，最后被工作打倒。

假如你不懂得保养自己的皮肤，你会发现自己老得如此之快。

女人只有学会自律，才有资格得到属于自己的一切。

每个人都有一定的惰性和拖延症，想要做到自律也很困难。如果女人没有强大的自制力，很难做到真正的自律。有时会半途而废，坚持一段时间便选择放弃了。

女人应该明白，严格的自律并不是为了取悦别人，而是为了让自己活得更高级。

那些严格要求自己，对自己“狠”一点的女人，或许承受了许多压力，但她们坚持到最后，最终迎来了灿烂的人生，过上了精彩的生活。

所谓“狠”，也不是故意虐待自己，而是一种自律的精神，一种提高自我的生活态度。我们必须比普通人更加努力，对自己的要求也要更高，并且懂得如何更好地经营自己的人生。

一个人只知道自怜、感伤、退缩，又凭什么去经历人生中的风风雨雨呢？恐怕这样的人只是温室里的小花，永远活不出自己的精彩。只有对自己狠一点，让自己去经历各种困境与磨难，甚至不惜头破血流、遍体鳞伤，才能让人生如茶叶般释放出清香。

自律不仅仅是严格地要求自己，还要正确地处理好自己与他人的关系。一个不自律的女人，可以被说成不自觉，甚至是没有自知之明。生活中，处处都能遇到不自律的女人，她们永远不知道自己的行为对他人产生的负面影响。

我想，很多人都遇到过“强行插队”的人，特别是在万分紧急的情况下。

有一次，我坐飞机去北京学习，由于时间安排不当，机票需要改签。为了不影响行程，我和朋友提前两个小时就到了柜台前去排队，终于轮到我们时，身后突然有一位女乘客冲上来，大嚷着说："我的航班马上要起飞了，能不能插个队啊？"

我看了看时间，发现自己的航班不是特别急，便给她"让路"了。

没想到几分钟之后，又有一位客急匆匆地跑过来说，自己快误机了，希望能插个队……虽然我的时间并不是很赶，可是这样的"强行插队"仍然让我感到不悦。这时，办理手续的工作人员才对排队的乘客说："大家不要找理由插队，谁都很赶，请按顺序来办理登机手续！"

我一直认为，如果是在某些特殊情况下，给别人"让路"是一种美德。可是，每个人要有自己的行为准则，要学会自律，这也是立足于现实的基础。如果我们的"让路"是以牺牲自己的时间为代价，而他人的"特殊情况"只是一个借口，甚至是他人的过失及错误造成的，那么我们就没有必要为其买单，否则那和道德绑架有什么区别呢？

哲学家安·兰德在《自私的德性》里面有一段十分经典的论述：理性的人绝对不会盲目地去迎合他人的非理性、愚蠢或欺诈，因为他们有自己的标准及判断。假如一个人的"权利"对他人的权利带来了负面影响，那么这种"权利"就不是也不能被称为权利。所以，我们没有责任去为他人的错误或不自律"让路"，那样只是纵容他人的错误而已。所有的错误，都只能由自己买单，这就是现实的世界。

所以，每个人要学会自律，也要学会保护自己。

你是在旅行，还是在给自己找罪受

最近几天，朋友圈里都在发一些对比图：你所看到的世界和别人所看到的世界。

你看到的是什么？是电脑或手机闪闪发光的屏幕，还是堆积着杂乱文件的办公桌？或者是一大堆零食？再或者，是下班路上拥挤的人群和车水马龙？

别人看到的是什么？是科罗拉多大峡谷的悬崖峭壁，是珠穆朗玛峰上的皑皑积雪，是北欧绚丽多彩的极光，是非洲大草原上奔跑的狮子……

你有没有发现，自己看到的世界，和别人看到的世界，区别太大了。

这不仅仅是眼光的问题，还和自己所处的位置，自己内心的格局有关。你的目光所及之处，就是你的世界触及之处。你看到的东西越多，得到的东西就越多。

所以，有时间就应该多出去走走，用旅行的方式打开未知世界的大门。

《天堂电影院》里有这样一句台词："如果你不出去走走，你就会以为这就是世界。"

经常旅行的人肯定会有这样的体验：当你坐在一列火车上，沿途正好有一条河，晨光落入河水中，泛着金光。河流平静或汹涌，火车都一直相随，就像恋人一样不离不弃。这时，你的眼前是一幅画，心里是一首诗，突然会觉得人生如此美好。

人一定要旅行，特别是女孩子。旅行能够让女孩的见识增长，见得多了，心胸就会变成宽广，格局自然会打开。我曾听一位老师说过：旅行的意义就是去寻找真正的自己。

旅行者所走的路，不仅是脚下的路，还有心中的路，想去哪里不重要，重要的是获得某种感受或体验。当你走到一个陌生的城市，在陌生的环境中，会忘掉很多不快乐。

在旅行的路上，你还会看到不同的美景，遇到不同的人。

你会由衷感叹世界的奇妙，造物主的伟大。

你也会遭遇人情冷暖，突然觉得人性险恶，或者人性善良。

这些经历会丰富你的人生，让你的眼界提高，格局扩大。

当然，旅行也不能盲目地跟团，否则只是"上车睡觉，下车拍照"，给自己找罪受。

许婧是我很欣赏的一位女模特，不是因为她拥有超火辣的身材和十分精致的五官，而是因为她敢想敢做的性格，并且，她也是一位爱上旅行的女孩。

成名之后，她并没有继续将生活的重心放在事业上，而是选择接受一段婚姻，将重心放在家庭中。这和传统的中国女人没什么区别。只不过，她的婚姻并不长久，和丈夫离婚后，她开始思考自己的生活应该以怎样的方式展开，才算没有白活。

她对朋友说："我想去环球旅行，一个人去……"

朋友听了，惊讶地瞪大了眼睛，劝她："别傻了。"

她仍旧坚持自己的选择，开始了自己的环球之旅。她的形象也从温文尔雅的东方长发美女，变成一头金粉短发的朋克少女。在她的微博上，随便一翻便是一张时髦而文艺的大片。

环球旅行充满了惊险与刺激，同时也有很多意外的收获，至少能看到各种美景。

在伊瓜苏大瀑布，水流的声音震耳欲聋，随意拍下的风景都美如画，连王家卫都曾去那里取景，她突然想起电影中张国荣和梁朝伟相拥在一起……

在萨尔瓦多，她走进了色彩艳丽的小巷子，听着自己的脚步声，突然露出了笑容……

在美国的 1 号公路，她骑着自行车，一直走下去，好像永远都没有尽头……

在柏林，街头的涂鸦里隐藏了太多的喜怒哀乐，她一个人静静地欣赏……

在哥本哈根，她终于找到了童话的王国，一切都是那样浪漫而美好……

在阿拉斯加的冰川下，她呵出的白气就像一朵绽放的百合花……

这些地方都留下了她的影子。在旅行中，她也找到了崭新的生活方式。

有人说，旅行的意义不是让自己走出去，而是把自己找回来。

旅行也是包治百病的"良药"，在你失恋、寂寞、痛苦的时候，可以给你最有效的治疗。

很多人在与恋人发生矛盾，或者爱得很疲惫的时候，都会选择分手旅行的方式，让双方冷静下来，比如经常来漫咖啡寻找灵感的网络作家若雪。

她的“自传体言情小说”正在一家中文网站上连载，吸引了百万粉丝热捧。许多书友都说，这是他们看过最动情的小说。这部小说讲述了她自己的感情经历：

有一段时间，她纠结在一段真诚而迷茫的恋情里，爱人的关怀和爱护让她感觉到疲惫不堪。为此，她经常会对他发脾气，让他十分难过。

之后她鼓起了勇气，想要从这段恋情中抽身而退。

可后来她又犹豫了，担心自己会因为太看重自己的感受，而错失今生的最爱。可是自己真的累了，如果不选择离开，她可能会疯掉的。经过一番思考之后，她决定独自外出旅行，让沿途的风景给自己正确的答案。

某天，她拖着重重的行李箱，悄悄地离开了。

在旅行的途中，她走走停停，往返于欧洲各国。除了对男友刻骨铭心的思念，她还有了异国的艳遇，以及来自办公室上司的暧昧关怀。面对坚守七年的恋情中出现的不速之客，她在表示出震惊的同时，也显出了自己的从容与淡定。

她终于听到了自己内心的声音——她是那么想念自己的男友，她发现自己根本就离不开他。当她心中有了这些想法后，她知道自己应该去买回国的机票了。

再次回到男友身边，她的身体整整瘦了一圈。

在男友的怀抱里，她感觉到了久违的温暖与安全。

“我愿意和你一起看尽世间的风景。”她在男友的耳旁说了这样一句话，然后将一本厚厚的相册拿了出来。这本相册里有她在亚、非、欧爱情圣地亲手拍摄的照片，照片的风景格外优美，而且散发着淡淡的幸福的味道。

这次旅行，让她对爱情有了全新的理解。

难怪有人会说，旅行也是一个认识自己的过程，在旅行中体验到不同的新生活，最后认识了最真实的自己。如果没有这样的收获，旅行也将失去它该有的意义。

偶尔放纵一下自我会令你更年轻

人的一生有多长？为什么有人将有限的生命活出了精彩和质地？为什么有人却总是为他人而活，活得如履薄冰？每次读《易经》，我都会产生很多类似这样的问题。

这些问题很多人都想过，每个人也有不同的答案，因为每个人的追求不同、志趣不同，对于人生的理解也千差万别。我身边有很多人都生活在迷茫之中，没有自己的方向，而只会偏执、机械地去模仿他人，去追逐他人的生活轨迹。他们都忘了，自己也是独一无二的存在，也有自己的长处与亮点。人生那么短暂，为什么一定要按部就班地生活呢？

在巨大的压力面前，在迷茫的泥沼之中，偶尔放纵一下自己，或许你能看到全新的世界。

名著《羊皮卷》上有这样一段话："如果今天是我生命中的最后一天，我应该怎么做？努力忘掉昨天，也不再痴想明天，明天还是一个未知数，为何要把今天的精力浪费在未知的事上？"

几年前，朋友小吴鼻子出血，去医院做检查，他怀疑自己是不是得了鼻癌。

在等待化验结果时，他和旁边的长脸男聊了起来。长脸男说:“如果是鼻癌，我就辞掉工作，放纵一次，第一站就要去拉萨看布达拉宫……”

小吴点头说:“我也有同样的想法，不过我想去敦煌。”

化验结果出来了，小吴只是长了鼻息肉，住院一段时间就能康复了。

长脸男却真的患上了鼻癌，医生说他最多能活半年。

小吴觉得两人有缘，便留下了彼此的联系方式，还鼓励长脸男说:“你可以放纵一下了，或许人生并没有那么糟糕，说不定还有奇迹发生呢？”

长脸男情绪很低落，也不顾医生的反对，选择了立刻出院。

在出院前，他列了一张“人生计划表”：在生命的最后一段时间，去一次拉萨，站在布达拉宫的广场上；在攀枝花租一条船，前往长江口；去哈尔滨的冰雪大世界；从大连坐船到广西的北海；登上天安门；有时间就读书，要将莎士比亚的作品读完等。

最后，他在“人生计划表”的末尾写道:“我的一生有很多想做的事情，有的已经做了，有的一直没有机会、没有时间去做。现在，我剩下的时间不多了，为了不白活这一生，我要用最后短暂的生命去做自己想做的事情，活出自己的价值。”

几年后，小吴在报纸上看到长脸男的消息，他已经成为一家大型旅行社的总裁了。

小吴打电话过去问候，长脸男说:“多亏了有那场病，不然我都不知道自己以前的人生有多么糟糕，也不知道自己还有那么多事情没有去做。而当我将‘人生计划表’上的事做完之后，再去医院检查时，才知道当年的化验结果并不准确，自己的肿瘤其实是良性的。从那以后，我变得无所畏惧，勇敢去追求自己的梦想……”

小吴有些酸酸地说：“那你很成功啊！我真羡慕你。”

长脸男反问小吴：“你的生活怎么样呢？”

小吴没有回答，因为他不知道如何回答，之前他也计划去敦煌，却因为生活的“忙碌”而搁置了。当年，他只是患上了鼻息肉，他以为生活给了他一条活路，没想到自己却渐渐走入了死路。他总是在害怕，害怕失去，害怕失败，最终什么也没有做。

一个人陷入绝境之时，他选择了忠于自我，大胆去做之前想做而又不敢做的事。

一个人处于平稳的生活中，却把人生之路越走越狭窄，安稳却碌碌无为。

两种人生，两种选择，最终让两个人活出了完全不同的两种姿态。

著名作家杨绛先生在《一百岁感言》中写道：“我们曾如此渴望命运的波澜，到最后才发现：人生最曼妙的风景，竟是内心的淡定与从容……我们曾如此期盼外界的认可，到最后才知道：世界是自己的，与他人毫无关系……”

我想，这个世界上最幸福的事情，就是活出自己的形状，以自己喜欢的方式生活。

如果生活能够一如既往，安乐到死，我们可能并不会产生不适，可是生活的真相会告诉我们，自己是有选择性的，人生也有很多种可能。这时候，我们不免陷入另一种困境：是选择复制别人的道路，还是跟随自己的内心去探索呢？

有的人像迷茫的鹿，在广阔的丛林中迷失了自己的方向。他们遗忘了曾经的梦想，也没有什么目标想要实现，一天天的时间就在浑浑噩噩的状态中浪费了。

这时候，不妨勇敢一点，放纵一次，或许你会发现不一样的自己。

Part 5

优雅：世界癫狂，我心从容

优雅是所有女人追求的一个境界，也是对女性魅力最高的评价。谁也无法改变岁月在女人身上留下的痕迹，青春美貌都如韶华易逝，姣好的身材也容易走失，但优雅的气质却是一种沉淀，一种修炼，如同埋在时光深处的老酒，越来越香醇。

勇敢做自己，不被他人所左右

最近几天，我看了很多篇文章，都在讲女人如何让自己变得优雅起来。

我第一次觉得，原来女人离优雅如此之近，只要穿上华丽的衣服和高跟鞋，用优质的化妆品，就能成为一位优雅的女人。有一篇文章甚至说，生了孩子的女人，更要好好对自己，老公孩子都是过眼云烟。还真有一些女性读者信以为真，然后疯狂购买！

平时，她们给孩子买罐奶粉都会犹豫，自己却能随随便便买个纪梵希的口红。

我想，她们对优雅有什么误解吧？中国人最讲究人言可畏，很多女人都活在别人的嘴巴上，失去了独立自主的思考能力——别人说这样穿可以优雅，她们就这样穿；别人说这样吃东西显得更淑女，她们就这样吃；别人说这个包包好看时尚，她们就买。

真正优雅的女人，只会勇敢做自己，而不是被别人的想法所左右。

她可以穿着朴素的风衣，可以穿上平底鞋，旁若无人地走在人群中。只因为她轻缓的步伐，高挑的身材，或者自信坚定的眼神，便能释放出优雅的气质。

外表永远只是虚幻的泡沫，由内而外散发的气质，才是真正的优雅。

女人活得美不美，优不优雅，不是为了展示给别人看的。

每个女人都是独一无二的存在，坚守住自己，有自己的事业和爱好，有自己的想法，而不是盲目地改变自己，迎合别人，不被婚姻、家庭及生活琐事所束缚，才能活出优雅的姿态。

岁月无情，可将女人的倾世容颜带走，哪怕再昂贵的化妆品，也无法让四十岁的女人再重回十八岁。但这个世界上真的有一种“不老仙丹”，那就是女人的心态——当女人的容颜老去之时，她的优雅气质仍旧能迷倒众人，散发无穷的魅力。

那些优雅而美丽的女人，从来不害怕衰老，因为她们深知自己的美不只是在容颜之上。

有一年香港金像奖的颁奖礼上，众女星衣着缤纷，浓墨重彩，只有张曼玉一袭几何图案的连衣裙，身背一只白色单肩手袋，轻松出场，顿时胜过所有女星的风采。

她的穿着随意自然，仿佛塞纳河畔的微风，其魅力却远胜过周围的花红柳绿。

也只有她，敢在参加完时尚巴黎的公开活动之后，在众多媒体的围观之下，骑着自行车潇洒地离开，让身后驾车穷追不舍的狗仔队一脸茫然。这是多么的洒脱与优雅啊！

她年轻时也被称作“花瓶”，然而她却用自己的实力，捧回了一个又一个“影后”的桂冠。她是胶片中的千面女郎，更是生活中风情万种的女神。

如今步入中年的她，依旧美丽、优雅、大气，在时光的雕琢下愈加闪光。

这便是真正优雅的女人，她的优雅与年龄无关。

美丽的容颜可以取决于先天，优雅的气质却是后天生活提取的精华。

优雅的气质需要修炼，需要岁月的沉淀，更需要经历过大风大浪，然后拥有从容宁静的步伐。

如何才能让自己变得优雅呢？我的建议有以下几点：

首先，优雅的女人离不开书，“书中自有颜如玉”，喜爱读书的女人，举手投足间都散发着淡淡的书香。书中的养分会让女人的谈吐更加得体大方，让女人气质更加儒雅温和。

优雅的女人本身就像一本书，让人百看不厌，充满了哲理与意味。

第二，优雅的女人应该注重自己的品味。品味也不是指奢侈，而是一个人的品质、修养和情操。与有品味的女人相处，就像品茶一样，味道妙不可言。优雅女人的品味，更体现在她的衣着、饮食、爱好等多个方面，比如她们喜欢参观画展，喜欢听音乐会，喜欢种花等。

第三，优雅的女人应该拥有属于自己的思想。我记得以前读过法国哲学家帕斯卡的一本书，书名叫《人是能够思想的芦苇》，其中有一段很著名的文字是这样的：

“人只不过是一根苇草，是自然界最脆弱的东西，但他是一根能思想的苇草。用不着整个宇宙都拿起武器来才能毁灭，一口气、一滴水就足以致他死命了。然而，纵使宇宙毁灭了他，人却仍然要比致他于死命的东西更高贵得多，因为他知道自己要死亡，以及宇宙对他所具有的优势，而宇宙对此却是一无所知……”

女人的思想容易被他人左右，这是因为受到数千年男权主义的影响。

因此，那些拥有优雅灵魂的女人，往往是因为她拥有独立自主的思想。

第四，优雅的女人要学会独立，更要有自己的能力。独立不仅仅是指经济上的独立，还有精神上的独立，比如你想去巴黎看日落，你要能独立自主地做出一个决定，还要有能力购买一张去巴黎的机票。任何说走就走的旅行，也需要优雅的底气。

不完美，才美

我认识一位美容顾问，她的名字叫可可，才二十出头，年轻又漂亮。

我有护肤美容方面的问题时，常去找她。她不开心的时候，也喜欢来找我聊天。

我不知道她的星座是什么，但是追求完美的性格完全和处女座一模一样。

从我认识她开始，短短两年时间，她至少谈过五个男朋友了。

有一个男孩在酒吧驻唱，声音特别好听。可无意中经过那个酒吧，进去坐了一会儿，便爱上了那个男孩的声音。之后有时间就跑去酒吧听男孩唱歌。

她说："他的声音听起来好温柔啊，而且他有自己的梦想，想成为一名专业的歌手。"

我习惯当她的听众，只说了一句："你喜欢就好……"

结果，她和那个男人交往一个月就分手了。

她一脸嫌弃地告诉我："他在酒吧，经常喝酒我已经忍了，没想到他还抽烟，而且烟瘾特别大，你可以想象一下吗？我去他住的地方，烟雾缭绕，差点把我呛死！"

我深表同情地说："我也不喜欢烟味。分就分了吧，你这么年轻，还会遇到更好的。"

后来，她遇到一个"富二代"，经常开着宝马车接她上下班。她嫌弃"富二代"学历不高，只能被叫成"土豪"，俗气死了。于是，选择了分手。

再后来，又有一位年轻帅气的医生爱上了她，她嫌弃医生身上有一股药味，还经常不刮胡子。她向我抱怨说："我是有洁癖的人，作为医生，居然不喜欢刮胡子，多不卫生啊！"

我问她："那你打算怎么办？"

她无所谓地说："分啊，还能怎么办？我可不想一辈子闻着药味生活。"

就这样，她交往了好几个不错的男孩，可是她总能从他们身上找到不完美的地方，然后果断选择分手。还好两个人相处的时间不长，她也没有因为失恋而感到难过。

我劝她："世界上没有完美的男人，差不多，过得去，就行了。你这样频繁地换男友，什么时候才能拥有一段稳定的恋情啊？"

她反问我："我要找的是一生的伴侣，可以随便将就吗？"

我无言以对，只希望她不要因为过于完美的要求，而错过太多好男孩。

很多人可能从小就被灌输"完美主义"的思想，比如要努力争取第一、要赢过别人、要做好每一个细节等等。从某种意义说，追求完美是一种积极的心理，人们希望把事情做得更加完美，希望自己能够面面俱到，这些都是正面而积极的力量。

可是，追求完美并不是“完美主义”，过于追求完美，尤其是努力成为别人眼中的“完美形象”，却是一种极端心理。对于完美主义者来说，任何一个细节上的不完美，都足以让他们抓狂。他们既不能接受自己的不完美，也不能接受身边人以及身边事的不完美。

畅销书作家茱莉亚•卡梅隆在《艺术家之路》一书中写道：“完美主义其实是导致你止步不前的障碍。它是一个怪圈——一个强迫你在所写所画所做的细节里不能自拔，丧失全局观念又使人精疲力竭的封闭式系统。”

如果一个女人过于追求完美，往往会给自己及身边的人带来很多负面影响。

有的女人属于“自我型”完美主义者，她们会给自己设定一个较高的目标，然后通过自己的努力去实现。如果现实付出没有取得相应的回报，她们就会陷入自我批判，出现失落沮丧的情绪。这种类型的完美主义者，在生活中比较常见，我们身边很多女人都是如此。

有的女人属于“外放型”完美主义者，她们不仅会对自己提出严格的要求，还会将高标准的要求拓展到他人身上，对他人也要求绝对的完美。这样的完美主义者，容易给身边的人带来消极的影响，并且严重影响自己的人际关系。比如朋友之间的关系，甚至夫妻间的关系也有可能因为“外放型”完美主义而破裂。

无论是哪一种类型的“完美主义”，都需要努力调整自己，学会接受生活中的不完美。

你可以尽量让自己活得美丽、优雅，但是不要刻意追求完美，因为这个世界上并没有真正完美的事物，任何人或物，都会存在一定的缺陷，也因为这些缺陷，才产生了真正的美。

你一定知道代表着爱与美的维纳斯吧？她只有一只手臂，可是却被称为世界上最完美的艺术品。过去的岁月里，有很多艺术家都尝试着将维纳斯的断臂修补上，可是最后都以失败告终。因为无论给维纳斯加上一个怎样的手臂，都没有之前那样完美。

事实上，完美主义者是对自我的不认同，不允许自己出现错误，不允许自己不美、不优雅。可是在追求完美的过程中，很多女人会发现更多不完美的地方，这本来就是一种矛盾。

因此，你必须正确认识所有的“不完美”，并且试着去理解和接受，也许只有“不完美”才是真正的完美，以这样的心态去面对生活、面对挫折，才是女人应该有的优雅。

即使生气，也要美美的

女人千般姿态，万种柔情，却只有一种女人，让人相处不厌，那就是脾气好的女人。

奥黛丽·赫本曾说过："一个优雅的女人是不轻易生气的，更多时候是不动声色，不卑不亢。"优雅的女人，性格应该像铜钱，外圆内方，外表温柔似水，内心坚韧如铜。

她们不会高声呐喊，声称自己是狂热的女权主义者；她们也不会摆出一副百毒不侵、盛气凌人的女强人姿态；她们更不会故作强悍，时刻将"老娘"挂在嘴边……

她们只会用最温柔的方式出击，用最优雅的姿态，获得最合理的待遇与最合适的位置。她们不会过于忙碌，不会把自己变成工作狂，不会抛弃男人和爱情。

相反，她们懂得爱情的美妙，享受爱情带来的幸福，却从来不会依赖于爱情。

她们不会控制情感，但是懂得如何把它引向更美好的方向。

林志玲的优雅有目共睹，甚至连女人也会不自觉地爱上她。

有人质疑她的演技，说她是花瓶，她没有生气，只是笑着回应说：“花瓶嘛，很好啊，这也是对外表的一种肯定方式，我会把它看作赞美，再说声谢谢。当然，如果你真的对这只花瓶有兴趣，随着时间的推移，你会看到真实的我。”

她的心里或许有一丝丝小生气，毕竟遭到了质疑，但她仍旧表现得美美的。

她接受赞美，也接受非议，最终用事实说话，努力去证明自己。这便是她的优雅之处。

女人只有懂得控制好自己的脾气，才能得到他人的认可与尊重。有的事情，你越是生气，越是容易变得糟糕。所以不争也是一种智慧，不担心有人误会或诋毁。

无论一个平时表现得多么成熟的女人，在生气、愤怒的时候，都会变得像一个三岁的小孩，思想幼稚，语言不加节制，情绪泛滥不可收拾。生气很正常，可愤怒却是没有见识、没有修养的表现，一个容易生气的女人，只会和优雅的距离越来越远。

生活中难免会遇到各种鸡毛蒜皮的小事，拥有好脾气的女人，能够将坏变好，将好变得有趣。这也是优雅的女人应该有生活态度：热爱生活，不轻易生气，即使生气，也要美美的。

同学美玲打来电话：“有时间过来一下，给你看看我们家的新成员！”

我很好奇：“你生宝宝了吗？我好像不知道你怀孕的事情啊？”

她神秘地说：“你过来看看就知道了。”

我满怀好奇心地跑过去，终于看到了他们家的新成员——一条流浪的小泰迪。

几天前，美玲的老公将一条流浪的小泰迪带回家，也许是因为到了一个陌生的环境，小泰迪又叫又跳，还跑进厨房，将厨房弄得一片狼藉。

这时美玲正好回家，他以为美玲肯定会骂自己，随随便便把一条流浪狗带回家。

没想到，美玲一见到小泰迪，便露出优雅的笑容，眼神中满是爱怜。然后她默默地收拾好厨房，和老公一起把小泰迪清洗干净，还带它去打了疫苗。

美玲没有生气，而是和老公一起收养了小泰迪，将它当成家庭中的“新成员”。

我看着坐在沙发上的美玲，又看了看她旁边的小泰迪，由衷地说：“你的脾气真好。如果换成是我，肯定会生气的，不是我没有爱心，或者不喜欢小动物，而是流浪狗太危险了。”

美玲却淡淡地说：“还好吧，我觉得小家伙长得挺可爱的。”

那一刻，她的目光变得异常温柔，每一个抚摸小泰迪的动作，都显得如此优雅。

女人和女人之间是不一样的，有的女人整天就知道发出抱怨，有的女人却懂得如何去化解生活中的小尴尬，为自己，也为身边的人带来快乐。

女人拥有好脾气，不仅是一种智慧，更是一种情商，只有高情商的女人才能控制好情绪。

正所谓“冲动就是魔鬼”，在清醒时不会做的事情，在愤怒的时候会做得理所当然。

情绪是什么？美国哈佛大学心理学教授丹尼尔·戈尔曼说：“情绪意指情感及其独特的思想、心理和生理状态，以及一系列

女人只有学会自律，

才有资格得到属于自己的一切。

这个世界上最幸福的事情，就是活出自己的形状，

以自己喜欢的方式生活。

行动的倾向。”

因此，人的坏情绪是不能被完全消灭的，只能进行有效地疏导、管理及控制。

我记得在一部电视剧里听过一句台词：“想让一个人毁灭，首先要让他疯狂。”

愤怒也是人类最平常的情绪之一，哪怕脾气再好的人也会有生气的时候。人在愤怒时，情绪会出现巨大的波折，就像平静的海面上突然出现的惊天巨浪，其破坏力可想而知。

一个女人如果能够在心情不好的时候，控制住自己的怒火；能够在情绪低落时，给自己加油打气；能够在任何坏情绪来临时，学会驾驶它们，而不是被它们所操控，那么也就拥有了赢得成功的力量。无论你的情绪有多么糟糕，都要学着去掌握，而不是放任自流。

你可能会因为一个人、一件事而生气，可生气的人却是你自己。优雅的女人懂得换位思考，懂得用一种更好的角度去看待不好的人或事。

当你踩碎了紫罗兰的花瓣，脚底却留下一片芬芳，这便是对优雅最好的诠释。

从现在开始，做一个优雅的女人，对人、对事、对生活，都不轻易生气。

看别人不顺眼，可能是你修养不够

女人只要会化妆、会打扮，就能让自己变得漂亮起来。可最让人着迷的并不是那些外表漂亮的女人，而是那些优雅得体，守礼仪、有教养的女人。

女人讲究仪表修养，更显高贵的气质；女人温柔典雅，自然散发妩媚的气息；女人彬彬有礼，才能给人亲近随和的感觉。如果女人总是看别人不顺眼，可能只是自己的修养不够。

在《易经》中有这样的言论："仁者见之谓之仁，智者见之谓之智。"

生活中，谁都有与他人意见相左的时候，你会为此而大动肝火，极力去争一个谁对谁错吗？每个人的世界观、价值观不同，思维方式也不一样，就算产生分歧也只是各自看法不同。

如果女人的修养不够，总是喜欢争论不休，最后就算赢得了无谓的争论，也不见得拥有了真理，更不用说因此产生多么愉快的情绪了。相反，如果女人能够拥有一颗宽容之心，在意见不同时学会适当的忍耐，这样反而能够容纳更多人的意见，集合众人的大智慧。

一个优雅的女人，她在日常生活中表现的一切，举手投足、一颦一笑都能彰显出个人的气质与修养。漂亮的女人随处可见，举止优雅、心胸广阔的女人却难以见到。

女人的美貌可以通过化妆、美容获得，礼仪修养却需要一生去坚持。

之前在广告公司上班，有一次下班忘记拿车钥匙，便折回办公室。

刚走出电梯口，就听到一个女人的尖声谩骂。我循声走过去，看见公司新来的秘书小安，正在劈头盖脸地骂着外卖小哥。

外卖小哥低着头没有说话，手上的塑料汤盒撒了，汤汁还在顺着包装袋往下滴。

小安指着外卖小哥的头说:“我要投诉你，送个快递也能把汤汁撒了，你是有多笨啊！”

外卖小哥始终没有说话，默默听着小安的“训斥”。

这时，我走了过去，小安才有些尴尬地对外卖小哥说:“算了吧，以后可别这样了。”

外卖小哥走后，小安笑着对我说:“今天我太饿了，叫了外卖好久才到，还把汤汁给撒了，袋子上全是油，看起来好恶心啊！”

我没有说话，只是对她笑了笑。她又接着说:“我今天太倒霉了，早上迟到被老板扣了工资，中午送错文件，晚上所有人都走了，就我还在加班，又饿又委屈，所以脾气很暴躁，你知道我平时不是这样的，也不会轻易对人发火……”

我点了点头说:“没事，你赶紧吃外卖吧，做完工作早点回家。”

平时，她就像一只可爱的乖乖兔，从不大声说话，更别说骂别人了。

可是，那天晚上我看到了不一样的她——蛮横、凶悍、毫不讲理。她之前给我留下的好印象也立刻烟消云散了。她好像变成了另一个人，与可爱优雅毫无关系。

生活顺遂时，谁都会做好人，不管是伪装的温柔也好，锦上添花也好，谁都愿意把自己的形象打造得温柔善良。可真正考验一个女人的修养的，是在不如意的时候，她是否能够坚持自己的温柔和善良，是否能够将自己的坏脾气管理好，不伤害到他人。

我很喜欢一句话："女人的修养是骨子里的不卑不亢，并不是春风得意时的施舍，不是顺遂时的呼朋引伴，而是在你气急败坏的时候，会不会去踢邻居家的那只猫。"

古人说："海纳百川有容乃大，壁立万仞无欲则刚。"

女人也应该做到"有容""无欲"，像大海那样笑纳百川，像高山那样巍巍矗立、刚正不阿。这也不是一朝一夕的事情，而是需要长期的沉淀与修养。

当你看别人不顺眼的时候，可能只是你的修养还不够，这时你不如尝试着打开别人的心门时，以一颗宽容真挚的心去对待。万事以和为贵，这个世界就会少很多纷争，多很多安宁；以和为贵，就是给他人留足了面子，给别人留了台阶下，也给自己留下了可退的后路。

很多人喜欢《红楼梦》里的林黛玉，因为她美丽、忧伤、充满才情，还因为她的修养。

宝钗给人"识大体"的感觉，全府的人都对她产生好感，可是在选秀失败的那段时间，她却会对丫环恶语道："你要仔细！"

林黛玉却不一样，她被人们说成“尖酸刻薄”，可是在和宝玉拌嘴之后，自己生着气，还不忘嘱咐紫鹃：“看那大燕子回来，再把帘子放下来，拿石狮子倚住。”

这样一个简单的细节，让人不禁为她的修养动容。

她平时小心眼，说话不讲情面，这是她的真性情。在她“哭了半晌”之后，还会记得等燕子回来再放下门帘，这才是真正的大家闺秀应该有的修养。

人与人都是相互的，人与这个世界也是相互的，你希望这个世界怎样对待自己，就以怎样的姿态去面对这个世界。当别人做错事的时候，不论是主观的原因，还是客观的因素，都可能会给我们带来伤害。这时候如果我们只有满心的憎恨，总是感觉愤愤不平，甚至企望别人被各种厄运缠绕，那么当仇恨的藤蔓爬满我们的内心，那时便会掩盖心灵的窗户，我们从此也失去了往日安宁与快乐。事实上，有修养并不是一种懦弱的表现，而是一种理解，一种心灵上的修炼。面对那些做错事的人，面对这个世界的刺伤与不公，宽容才是最好的相处方式。

女人的修养都体现在哪些方面呢？失意时，不轻贱比自己弱小的人或物，不轻易生气；情绪泛滥时，保留一点悲悯和自制；受伤时，能保护自己，能原谅和宽容他人。

你的优雅能够倾倒众人，你的修养能够折服众人。

停止抱怨，更容易获得成功

第一家漫咖啡刚开业时，店里来了一位总爱抱怨的女员工。

她刚来漫咖啡工作之时，并没有显露出什么特别之处，年轻、漂亮、温柔。后来和同事混熟了，她便开启自己的“怨妇模式”，逢人便抱怨这里，抱怨那里……

同事都有意回避她，只要有接触的机会，比如吃饭、开会或者是上厕所，都会故意错开走。因为只要和她碰面，哪怕只有短短的一秒钟，她都会喋喋不休地抱怨。

她说:“我每天的工作量太多啦，任务繁重，拿的工资又不高！”

她说:“经理的脾气真的太差啦，他有什么资格说我们不干活，他每天都玩手机……”

她说:“以前公司福利待遇都好，我真是笨死了，才想换工作！”

刚开始听到她的这些抱怨，同事还能勉强接受，毕竟每个人都有偶尔发泄负面情绪的时候。可同事后来才发现，她的抱怨并不是偶尔发作，而是经常性抱怨，从不间断地抱怨。

同事就有些受不了，每次听她抱怨都会感到很烦躁。

最终，她只在漫咖啡工作了两个月。

现实生活中，有的女人喜欢将抱怨当成一种装饰，她会抱怨生活中的各种不如意，把自己装扮成一个楚楚可怜的女人，以表达自己的内心，以博取他人的同感或同情。

抱怨不仅是一种非常消极的人生态度，还会在不经意间催生出许多消极的情绪，在不知不觉中影响到我们的生活。虽然人生总会遇到各种不如意的事情，但是我们不能在困难、挫折出现时，便怨天尤人、抱怨不休。因为不幸的事一直被抱怨，就可能会更加不幸。

有的女人习惯了抱怨，终日郁郁寡欢、失魂落魄、不求上进。

她们的抱怨多半是源于对世界、对他人、对自己的不满意。

她们无法接受那样的现实，也不去寻找自身的原因，反而认为世界太过偏激。

她们只知道等待，而不知道改变自己的现状。

她们总是咒骂眼前的“阴暗”，却不知道那些“阴暗”都是自己的影子。

一个优雅成熟的女人，在这个现实的世界里能够创造属于自己的价值与希望，而不依赖于他人。她们能够建立自己的调整机制，而不是遇事就只知道抱怨。

抱怨最大的功劳可能就是在接受之前给自己建起了一道屏障，让我们有机会怨天尤人：世界对我太不公平了？为什么这些事情会发生在我身上？为什么受伤的人总是我？

通过这样的抱怨，或许能够证明自己的无辜与委屈，给失败找一个借口。

我听一位企业高管朋友说过这样一段话：“每一次面试，我

你的美貌，不敌你的热闹

我是一个比较清冷的人，平时也很少主动与朋友联系，所以身边老朋友居多，大家志同道合便走到了一起。生活中也没有太多交际，下雨天或阳光炙热时，我都不喜欢出门。

如果有聚会，我仍旧热情，可始终不喜欢流于表面的东西，相处还是以诚相待得好。

朋友小宁出差到山西，发消息给我说："几年未见，出来约个饭呗？"

我开心极了，化了一个美美的妆，穿上新买的高跟鞋，小鹿一样奔去赴约。可我只是简单地回复一个"好"字。小宁或许会以为我不够热情吧，但我已经心花怒放了。

见面时，小宁咬牙切齿，故作生气地质问我："你真是大忙人啊，想约个饭都难！"

我说："没有啊，平时我挺闲的，只是你难得来山西，我也不经常去上海，所以就不能常见面，常吃饭逛街……其实，我挺想你的。”

“想我？”小宁撅着嘴说，“想我怎么不给我打电话？”

我被她问到了，仔细想想，我好像真的没有主动给她打过电话。我有些内疚，实话实说：“虽然没有给你电话，但是不代表不关心你啊！”

“那我们还算朋友吗？”小宁有些认真地问我，“除了偶尔见个面，平时连一个电话，一条短信都没有。如果我不主动联系你，你会不会忘了我呢？”

我很确定地告诉她：“不会。”

虽然和小宁几年未见，但是我从来没有感觉她离开过，如今一个眼神，一个动作，仍旧能洞悉彼此内心的小心思，这样的默契也只有真正的朋友才会有吧？

对待朋友，我总是这样，就算会关心她的生活，她的故事，但不会主动问及。

我并不是一个热闹的人，虽然我希望拥有热闹的人生。

这种性格或许是从小养成的。小时候，我就不爱与同龄的小朋友玩，她们喜欢玩的踢毽子、跳皮筋、扔沙包，我都觉得很无聊。小朋友们开心玩过家家的时候，我只想一个人坐在安静的地方看漫画，或者和一只小猫玩耍。

有时，我也会觉得自己过于清冷无趣，时常提醒自己变得有趣热闹起来。

咪蒙在自己的书中写道：“容貌可以决定男人娶不娶一个女人，性格可以决定男人能不能和你长久相处。哪怕你美貌，你贵为冰山美人，每天摆着臭脸，也很少有人能忍受一辈子。”

所以在人际交往中，你的美貌，往往不敌你的热闹。有趣的那天晚上，她喝得烂醉如泥，我费了好大力气，才将她送进酒店的房间里。

她一路上又哭又吐，到了酒店却变得异常安静。

半夜，我听到她在被窝里啜泣的声音。女人啊，外表再强悍，内心也有柔弱的一面，尤其在爱情面前，坚硬的铠甲也会卸下。

在认识陈雪的这几年里，她已经无数次失恋了。

她的感情总是不顺，每次谈恋爱，她都以为自己找到了真命天子，结果发现对方并不适合自己。不过，每次谈恋爱，她都有失有得——失去的是一个不再爱的男人，是一段伤心的往事；得到的是提升自我的能力，是越来越成熟的厚重感。

无论在爱情里，还是在日常交际中，和什么样的人在一起，你就可能成为什么样的人。

陈雪的第一个男朋友是一位导游，经常游走于世界各地，陪她的时间很少。但是，只要他有假期，就一定会带她满世界飞。

当时，朋友们看到她晒在朋友圈里的各种景点美食照片，都羡慕不已。

她一会儿穿着厚厚的羽绒服，站在挪威赫尔辛基火车站的积雪旁，一会儿又穿着泳装，在马尔代夫的浅海中游弋，就像一条美丽的热带鱼。

虽然照片中只有她自己一个人，但是朋友们都知道，拍照的人是他。

她沉浸在爱情的甜蜜中，也跟随爱的人走了很多地方，了解了当地的习俗，品尝了当地的美食。他还会告诉她，当地的一些历史，加深了她对某个地方的认识。

最重要的是，她的英语水平得到了提高，在国外旅游时能够用英语流利地交流。

在和导游男友交往的那一年，她也变成了一名“导游”，说起某个景点、某座城市，也像导游的口吻一样。只可惜，导游男友太花心，一次带团去巴黎，和团里的一位女孩发生了“浪漫”的故事，她知情后，毅然选择了分手。

她的第二个男朋友是一位跳伞爱好者，生活充满了新奇与刺激。

她对他说：“我去过世界各地，地面上的景色几乎都见过了，唯独没有见过真正的天空，不是站在地上仰望，而是像小鸟一样飞在云层之上，在天空中看天空……”

“那我带去你看啊！”他露出自信的笑容，白白的牙齿很整齐。

从此，她学会了跳伞，特别是在工作压力巨大时，从滑翔机上一跃而下，会有一种失重的自由感。刚开始是他带着她一起跳，后来她自己一个人也能跳。

两个人，两把跳伞，在空中划出优美的弧线。

那段时间，她是最幸福的，她以为自己找到了一双翅膀，以为他可以带她脱离生活的繁芜，在云层中找到自由与快乐。可是她没有想到，对他而言，她却是一种负累。

一个男人自由久了，需要一点负累，找到生活的重点。一旦负累变成束缚，影响他的自由，他便会毫不犹豫地离开。她也没有挽留，因为她不喜欢强求，爱情最好还是两情相悦。

分手那天，她一个人跑去跳伞，在高空中尖叫，却没有哭。

半年之后，她谈了第三个男朋友。他有一艘巨大的渔船，经常会出海捕鱼。

她的脸上又多了笑容，还在朋友圈发了一张陪男友出海的照片，并附文字说："我见过陆地上的美丽风光，也曾在空中翱翔，如今在汹涌的大海上，才发现你是我最终的依靠。"

朋友们纷纷点赞，都以为她找到了自己的最终归宿。

可是没多久，她就主动提出了分手，原因是她不喜欢一直漂泊的生活。

这一次恋爱，让她学会了开船。

她的第四个男朋友，就是刚分手这个，是一名工程师。

我没有去问她，是因为什么分手的。我只知道，这一次分手，她肯定又学会了很多。比如变得像工程师一样思维缜密，更加在乎生活中的小细节等等。

当她从宾馆的床上醒来，我看到了一双微红但沉静的双眼，一张疲惫但坚毅的脸庞。

我笑着说："你昨晚喝太多了，吐了一地……"

她揉了揉眼睛说："是吗？我不记得了。"

我问她："那你还记得什么？"

她说："我记得……我分手了。"

我倒了一杯水给她，不以为然地说："那恭喜你哦，又拥有了一大片森林。"

她笑而不语。我接着说："这些年，你交过不少男朋友，其实收获也挺多的，你看你，现在英语说得多好，又会跳伞，又会开船，多厉害啊！"

她哈哈大笑："我现在还会工程造价，还会绘图呢！"

有一句话说得很好：你是谁不重要，重要的是你和谁在一起。在多数情况下，你和什么样的人在一起，就有可能变成什么样的人。这也就是古人说的“近朱者赤，近墨者黑”吧！

雄鹰翱翔于天际，山川湖泊都收于眼底；青蛙囿于深井之中，却只能看到井口那么大的天空。雄鹰可以飞越万里，直冲云霄，青蛙却只能一辈子待在井里。这便是眼界高低的区别。

你选择和什么样的人在一起，就等于选择什么样的生活层次。

千万不要迷信“一切靠自己”

漫咖啡的服务一直很贴心，深得顾客的喜爱，不过有时也会遇到一些“刁钻”的客人。

有一次，一位长着倒八字眉的顾客走进店里，说要一杯不加糖的白咖啡拿铁。服务员小菲正在给上一位顾客调制咖啡，似乎没有听清楚，结果给他上了一杯加糖的白咖啡拿铁。

那人立刻愤怒了，把小菲叫过去就是一顿臭骂。小菲只能道歉，不断解释说自己没有听清楚，希望他不要生气了，然后重新给他上一杯。那人依旧不依不饶，扯着小菲的衣服不放。

通常情况下，服务员遇到这样的顾客纠纷，都会上报给经理，让经理帮忙解决。

小菲却是一位要强的女孩，一直很自立，什么事情都想靠自己来解决。面对这位凶神恶煞的顾客，她没有及时向经理求助，而是自己不断道歉，不断解释……只不过，这样的服务态度仍旧不能让那个人满意，最后还是其他服务员叫来经理，才把事情解决了。

事后，我把小菲叫到办公室，安慰了她几句，然后告诉她："以后遇到这样的顾客，就让经理出面沟通，你一个人的能力可能并不能很好地解决这样的问题。"

小菲有些委屈地说："对不起，是我自己出了错，所以想靠自己去解决。"

我说："那样的错误谁都有可能出现，你要明白，我们漫咖啡本来就是一个团队，任何人出了问题，都是团队的问题，甚至是我的问题，所以不要再迷信'一切靠自己'了。"

小菲似乎理解了我的意思，很恳切地说："我知道了。"

我一直深信，一个人要学会靠自己，才能做好一件事情。网上流传的那些励志视频，不都慷慨激昂地大呼着"一切靠自己"吗？但是在处处充满竞争的社会关系中，我们也不要忘了与人合作，利用团队的力量来获取成功。一个人的力量永远比不过十个人的力量。

一切靠自己，并不是一味地孤军奋战，在适当的时候，与人合作才是王道。

一个人就算能力很强，也要学会如何与人合作，这不是简单的力量相加，而是"1+1>2"的哲学概念。在与人合作的过程中，不仅克服了自身的不足，还壮大的了团队的力量。

漫咖啡的成功也是如此，最初做漫咖啡的时候，我并不是靠个人的力量，而是组建了一个团队，一帮二十出头的年轻人。大家都很有想法，敢想敢做，团队意识很强。

遇到问题的时候，大家一起商讨出解决方案，实施起来也不会很费力。

而那些迷信“一切靠自己”的人，未来的路可能只会越走越窄。要知道，“人”就是相互支撑的一生，与别人合作，既是帮助别人，也是帮助自己。

人与人之间的合作关系，就像爬山虎那样，必须依附于墙才能向上生长，接受更多的阳光，而墙因为爬山虎树叶的荫蔽，能够更好地抵御阳光风雨的侵蚀。

如果追求成功的过程就像搭建一座金字塔，那么团队就是你的塔基。你想站得更高，看得更远，就要将塔基建得更加扎实，只有这样才能铸造你的人生高度。

尤其当我们还处于弱势地位时，想要在残酷的竞争中站稳脚跟，就必须联合团队或身边的人，联合众多微弱的力量，站在统一的阵线上，共同出击，以群蚊噬象的姿态去迎接各种挑战。

在行业竞争中，很多事情凭借一人之力是无法完成的，这时候就要学会利用圈子的力量，学会组建自己的团队，这样可以将那些微小的力量都集合起来，然后一起去攻破那些难以解决的大问题，从而获得成功。

一个拥有大格局，懂得为大事业布局的人，都能够正确地认识圈子，学会选择和组建自己的圈子，并且懂得驾驭自己的圈子，让圈子变得更“深”、更“精”、更“广”，为自己的人生金字塔搭建最顽固的塔基。

圈子就是人脉的集合地，也决定一个人的人生高度及事业成就。

因此，在平时交友、选择圈子的过程中，你应该让自己拥有开阔的眼光。不要总是待在同一个圈子或者多个相似的圈子里，这样只会形成狭隘的圈子观。

你应该努力寻找适合自己发展的圈子，多认识一些能够提升自己眼光，开阔自己的心胸，拓展自己思维的人，从而形成一个广泛的“人际圈子”。

这样不仅能够扩大自身格局，也更利于自己的事业发展。当你拥有了广泛的人脉圈子后，也要学会坚实稳固自己的圈子，否则只会让其变为“泡沫圈”，最后不欢而散。

如果你总是迷信“一切靠自己”，前方的路肯定会越走越窄，唯有团队才能拓展你的人生之路，帮助你更好地解决问题，获得成功。

将有影响力的大人物拉到你的“朋友圈”

前几日浏览网页时，发现一个人的名字和比尔·盖茨放在一起，之前对这个人不了解，百度一下才知道，他也是微软的创始人之一，只是为人低调，才没有被大众所熟知。

这个人就是保罗·艾伦。很多网友评论说，他是“一不留神就成了亿万富翁”。

其实，他的成功更多是因为“朋友圈”里有一位传奇人物——比尔·盖茨。他们曾在同一所高中上学，又有共同的爱好。平时，他们经常一起研究计算机，还比赛编程。

比尔·盖茨天才般的思维方式，给了艾伦极大的启迪。

后来，他们一起创立了微软公司。比尔·盖茨的名气越来越大，一共蝉联23年世界首富，生活中谁都离不开微软的产品。

艾伦却低调得多，微软发展起来后，他便退出了微软管理层。

不过，他的手中仍旧保留微软不少的股份，这足以让他成为令人羡慕的超级富豪。

艾伦的成功是因为身边有比尔·盖茨这样的大人物，受其影响，他自己也变得非凡起来。这也是优秀的人的影响力。你和什么样的人在一起，你的竞争力如何，看你身边的人就知道了。和什么样的人在一起，就会拥有什么样的人生，这是亘古不变的真理。

哲学家说：人生有三大幸运——上学的时候遇到一位好老师，工作的时候遇到一位好师傅，结婚的时候遇到一位好伴侣。他们不仅会与你同行，也会伴随着你走向人生的起落。

和勤奋的人在一起，你就不会轻易懒惰；和积极的人在一起，你就不会轻易消沉；和智者同行，你也会变得聪颖；与高人为伍，你也能够攀上人生的巅峰。所以，我们要学会与优秀的人为伍，要学会将有影响力的大人物接到自己的“朋友圈”。

我本来是一个不爱交际的人，但还是会有意识地与行内成功人士接近关系，学会他们身上的优点，获取他们掌握的资源。

在人际交往中，我们不能一味地追求圈子，为了组建人脉而广交朋友，更应该重视圈子的质量，学会选择与优质人才为伍。只有优质的人脉资源，才能提升你的竞争力。

有人可能会问：什么样的人脉圈才能称得上优质的人脉圈呢？

我想，首先组成圈子的人应该都是优秀的，这份优秀应该建立在个人情况之上。通常优秀的人有三种：一是经验比自己多的，二是关系比自己好的，三是实力比自己强的。

优秀的人脉要根据自身的需求来核定。

如果你缺乏可利用的资源，就多结交一些拥有丰富资源的圈子；如果你缺乏资金，就结交一些富人组成的优质圈；如果你缺乏人脉，就结交一些拥有广阔人脉关系的优质圈。

只有与其相比，水平更高一等的人组成的圈子才能算是优质圈。

因此，要组建一个优质的人脉圈子，就要多结交一些比自己更优秀的人。

心理学家指出：“人是唯一能够接受暗示的动物。”积极的心理暗示会让人的情绪和生理都处于最佳状态，还能激发人的潜能，让人发挥出超常水平，从而获得进步。而消极的心理暗示，只会让人日益消极颓废，失去信心和动力，最终走向失败。

其实不难发现，一个人越是优秀，拥有的人脉就越多。这些人脉也不是他们自己主动去积累的，而是被自己吸引过来的。那些有影响力的大人物，都自带光芒效应。

如果你对事业执着、坚持，那么也会吸引同样的人，并且带动他们一起奋进。

马云当年做淘宝时，最初也只是一个小团队，正是因为他的坚持与拼搏，吸引了无数追随者，进而带动了一个时代的发展。

人生的奥妙之处就是与人相处，携手同行。生活的美好之处就是送人玫瑰，手留余香。人生就是如此，如果你想变得更加聪明，就要和聪明人在一起；如果想让自己变得更加优秀，就要和优秀的人在一起，让自己出类拔萃。

那些善于发现别人优点的人，能够将它转化为自己的长处，让自己也成为聪明的人。学最好的别人，做最好的自己，借人之智，成就自己，这便是成功之道。

请放弃你的无效社交

我想社交也可以分为两种：一种是形式上的无效社交，一种是实质性的有效社交。

有的人身边从来不缺少朋友，他们随时可以聚在一起，只为吃喝玩乐。

这样的社交就属于形式上的无效社交，待在这样的朋友圈子里，不仅会浪费你宝贵的时间，还会让你逐渐养成享乐的习惯，而当困难出现时，这些朋友也无法给你实质性的帮助。

因此，你不需要将过多的精力放在这样的朋友圈子中，而应该重视身边的有效社交。

有效社交是怎样的呢？哪怕一个月只聚会一两次，但是在聚会中可以谈论工作上的心得、生活中的得失，会交流有效的信息，或者引荐一些有帮助的“圈里人”。

这样的社交是有实际作用的，至少可以让你随时提升自己的能力，弥补各方面的不足，在你遇到困难的时候，能够从中得到最实际的帮助。

上周末参加一个咖啡主题座谈会，一位认识的小伙子在休息时找我聊天。

他说："我准备和几位好朋友一起开公司，现在各项手续都办妥了，却发现其中一位合伙人好像有些不靠谱，现在也不知道应该怎么办了。"

我好奇地问："怎么不靠谱啦？"

他回答："我曾亲眼见到那个人欺骗别人，而且还不止一次。一次他骗自己的女朋友，说自己正在谈业务，其实是和女同事看电影去了。还有一次，他骗自己的大学同学，说自己发烧不能去机场接机，其实他正在玩网游……虽然我知道工作和生活不能一概而论，但总觉得不踏实，总害怕那个人某一天会用同样的方式来欺骗合伙人，而且那个人还是负责财务。"

"原来是这样啊。"我见他一脸的担忧，眉头皱成一团，很可爱的样子。

他惴惴不安地问我："你说，我是不是想得有点多？他会不会只是偶尔才说谎？"

我很认真地说了自己的想法："我觉得你并没有想多，首先在考察合伙人时，人品和工作能力一样重要；其次，一个爱说谎的人，不会偶尔才说谎，而是将说谎当成一种习惯；第三，在说谎的人心中，谁都可以欺骗，并没有特例……"

他听完我的话，突然变得有些沮丧，开始低头思考。我能理解他的心情，一帮年轻人热血沸腾，想要干出一番大事业，没想到还没开始，就发现合伙人不靠谱，是谁都会沮丧的。

过了一会儿，他抬头问我："那个人会不会只说了两次谎，正好被我知道了呢？”

我呵呵一笑，告诉他：“不要再抱幻想了，不然以后会吃亏的。”

每个人肯定都曾有过说谎的经历，你或者我，都不敢拍着胸脯说自己没有说过谎。

可是，说谎也要看情况的，有的是善意的谎言，有的带有戏谑性，有的说谎成瘾，有的超越了真诚的范畴，甚至关乎一个人的道德品行。

你能指望一个对爱情不忠诚的人，对事业从一而终吗？

你能指望一个对朋友冷落的人，在事业上热情勤奋吗？

别傻了，与这样的人合伙做事业，需要承担的风险太大，不是一般人可以承受的。

在这方面，我自己就曾吃过亏，那次教训可谓无比惨痛。

在筹划做漫咖啡那段时间，有一位朋友想要与我合伙，当时我一个人“势单力薄”，心想有一个合伙人做起来没那么累。结果不到一个月，那位朋友就和我翻了脸，我甚至不知道发生了什么。事后，她逢人就说我多么不好，多么对不起她，我一脸茫然，无辜顶罪。

为了搞明白到底发生了什么，我努力地回忆和她的点点滴滴，这时我才想起几个之前被忽略的细节：有一次在她家谈工作，她的母亲正好过来找她，结果几句话不对，她和母亲就当着我的面吵了起来。她不仅翻出一大堆陈年旧事，还将错误都归结到自己母亲身上。

还有一次，她喝到半醉，主动找我聊天，说起来了自己的前男友。

在她的描述中，分手都是因为前男友的错，而自己一点问题都没有。

当时，我对她那种“凡事都是对方的错”的思维方式很不赞同，但是想想我们是一起做事业，又不是一起谈恋爱，三观如何好像也没那么重要。后来发现的一切，让我彻底失望了。

我与她合伙失败，她仍旧将错误归结到我身上，还说我过于自我，不听她的意见。

现在我也学聪明了，在人际交往中，很看重一个人的品行。如果三观不同，就不想靠近。一个人如果在某个领域有了糟糕的惯性思维，肯定也会将这种思维带到另一个领域。

所以，请学会远离那些三观不正的人，放弃这样的无效社交。

我对待朋友，也是如此。喜欢就靠近，不喜欢就远离。每个人都有好的或不好的一面，各有各的优势和劣势，能在一起产生促进作用，就学会珍惜；在一起只会产生负能量，远离就好了。哪怕是朋友伤害了你，也不要想着去报复，那样只会产生恶性循环。

至于那些三观与自己不同的人，也不用担心，因为他们也会吸引和自己相近的人在一起，而对待这些人，你要明白“友好”与“友谊”之间的区别。

一般情况下，办公室关系应该保持“友好”的状态，哪怕是与那些自己并不喜欢的人共事，你也应该保持“友好”，这样能够促进你进行团队合作，更好地完成你的工作。

对于合作伙伴或者朋友关系，最好能够保持“友谊”状态。合伙人能否相互信任，决定了合作能否成功，在合作关系中，人优雅的女人从来不会轻易抱怨谁。

学最好的别人，做最好的自己，借人之智，成就自己，这便是成功之道。

的道德品行显得尤为重要。

有效社交圈里的人，往往是三观相同的，也是值得信任的。

这些人能给带来工作或生活上的帮助，甚至能够从工作关系转化成朋友关系。

无论择友还是择圈，都要小心谨慎，只有这样才有可能进入一个更加优质的圈子，结交更多优秀的贵人。优质的圈子和优秀的人，能够让你一改平凡，在事业上飞黄腾达，直至成功的终点。而劣质的圈子和消极的人，只会让你越来越平庸，甚至一落千丈，悔恨终身。

你没有必要对所有人都“一视同仁”

哪怕你没有学过管理，没有看过社交方面的书籍，也一定对“Man Keep”这个英文短语不会陌生。它可以翻译成“人脉经营”，还有人根据发音将它说成“脉客”。“脉客”就是善于运用人脉、善于经营和管理人脉的人。

我一直觉得人脉圈子对于事业十分重要。如果我们能够进入一个优秀的人脉圈，就意味着拥有了巨大的人脉关系网络，就有机会获得巨大的可利用资源。

我也参加过国内举行的“脉客”主题大会，数百名“脉客”聚在一起探讨圈子的重要性，那种氛围让我想起了学习《易经》时，大家一起讨论某个问题的场景。

真正的“脉客”所经营的圈子都是“养兵千日，用兵一时”的。

一个优质的圈子能够同化圈子里的人，而一个优秀的人会带动整个圈子的发展与进步。个人能力通常是与圈子相辅相成的。可是，无论再优秀的人才，都不可能脱离圈子独立发展，就像人无法离开社会一样。面对竞争，你要做出最明智的选择，成为局内人，还是局外人。

同时，你也没有必要对所有人都“一视同仁”，因为有的人值得你结交，值得你付出时间、精力和感情，有的人却不值得。在组建自己的人脉圈里时，也要学会有所选择。

莎士比亚说：“对众人一视同仁，对少数人推心置腹，对任何人不要亏负。”我想，这里的“一视同仁”仅仅是表面上的姿态，重要是“对少数人推心置腹，对任何人不要亏负”。

如何才能组建好自己的人际圈子，成为一名真正的“脉客”呢？我认为有几个原则必须遵循：

原则一：在融入圈子的过程中，要学会主动打破人际交往的格局限制。

当你进入一个全新的圈子时，很容易出现不自在的情况，因此你会更在意自己的举动，甚至将自己固定在“新人”的位置上。这样的状态不仅会让自己的行为受到限制，也会让圈里的人看到你的不成熟与不成功，甚至认为你是一个没见过世面的人。

因此，要学会打破人际交往中的限制，要让自己变得“热”起来，主动与人说话，适当地表现自己，展露自己的才华。这样才能让更多的人认可你、欣赏你、接受你。

当然，也要学会低调行事。当你刚进入一个圈子时，尽量保持低调，而不是标新立异、自命不凡，完全脱离圈子的普众性。我们都知道“树大招风”的道理，那些只会高调行事的人，只会哗众取宠，最终会被圈子里的人所排斥，最终被赶出圈子。

原则二：你不是人民币，不可能让所有人都喜欢你。

你的身边肯定也有这样一种人，他们很努力地去做好每一件事情，希望自己是完美无瑕的形象，并且能够得到每一个人的喜欢。我不知道他们是因为单纯，还是完美主义者。

他们不仅对自己提出高标准、高要求，还对身边的人或事秉承同样的态度。他们总希望成为别人眼中的“完人”，尽管自己已经十分出色了，仍然无法让自己感到满意。他们也知道这个世界并不完美，可是又渴望生活在极度完美之中，因此显得矛盾而怪诞。只是他们没有意识到一点，想要让所有人都喜欢自己，那种难度系数肯定会高于煮沸整个海洋。

想要得到他人的喜欢与认可，原本是一种积极的心理。可是过于追求完美，尤其是努力成为别人眼中的“完美形象”，却是一种病态心理。完美对于人们来说，就像是一把双刃剑，运用得当你将获得无穷的力量，运用不当则会让自己陷入无边的苦恼之中。

原则三：在人际交往中没必要“一视同仁”，但是要尊重每一个人，不要戴上有色眼镜。

《易经》中有这样的言论：“仁者见之谓之仁，智者见之谓之智。”

意思是说，每个人看待事物的方式不同，所持的意见也不一样，最好的方式就是求同存异，既要维护自己的观点，也要学会尊重他人。

无论面对自己的朋友，还是交际圈子里的人，尊重对方都是不变的原则。

如果有分歧出现，你总是坚持己见，而不懂得尊重对方的意愿，只会让矛盾激化，最后像火焰一样越烧越旺，一发不可收拾。因此，哪怕你不赞同对方的观点，但也要学会尊重。

生活中，每个人都出现过与他人意见相左的情况，这时候如果你大动肝火，想着去分出个谁对谁错，那么最后吃亏的人肯定是你自己。因为每个人的世界观、价值观不同，思维方式也不一样，就算产生分歧也只是各自看法不同而已。

相反，如果能够拥有一颗宽容之心，在意见不同时学会适当的忍耐，这样反而能够容纳更多人的意见，集合众人的大智慧，也让自己的后方资源更加稳固。

及时升级你的朋友圈

时常有“迷途者”拜访，向我询问一些《易经》方面的问题，最后他们通常会夸我几句：“年纪轻轻的，懂得真多啊！事业也做得这么好，人又长得漂亮……”

每次听到这些赞美的话，我都尴尬一笑——学习《易经》方面，我只是初级研究者，比我懂得多的老师数不胜数；在事业方面，比我做得好的朋友大有人在；如果说我漂亮，那么随便拉出我的一位闺密，都美若天仙！

我的交际圈里确实有一群很牛的朋友，刚开始我也嫉妒得要死，每次聚会的时候，她们的口红总比我擦得红艳，鞋跟比我的还高，更重要的是，她们事业还做得风生水起，怎么看都是春风得意，一副人生赢家的样子。

有的人无法面对自己的嫉妒心，只想和比自己差的人做朋友，就算比他们强的人发出善意的信号，他们也会硬生生地拒绝。因为他们的内心太脆弱了，总是被刺痛。

我曾经听一位女强人说过，她从来不会相信女人之间有真正的友谊，背后都是攀比和嫉妒。这样的想法虽然有些偏颇，但也有一定道理：如果一个人能够将攀比和嫉妒，转化为欣赏和学习，那么人生的格局才能够被打开，也才能够找到进步的阶梯。

在个人提升问题上，很多人都过于看重个人的努力，而忽略了自己的交际圈。

我不止一次听到有人对我这样说："每当我努力的时候，身边的人就会质疑我，认为我在做一件不可能的事情，并且时刻打击我的决定，并不是一个人如此，我身边的人几乎人人如此，久而久之，我自己就懈怠下来，变成了和他们一样的人。"

这就是人际圈的影响力。如果你没有一群能帮你提升的朋友，那么你将越来越平庸。

假如你遇到生活或事业上的某些难题，恰好你自己和你的交际圈都无法解决，就要学会提升自己，并且升级自己的朋友圈了。只有更高层次的交际圈，才能拓展你的人生格局，让你获得更加广阔的视野。你永远也不要忘了，圈子也有高低之分。

一位朋友向我抱怨说，她越来越不喜欢赴高中同学的约，感觉越来越没意思了。

每次同学约她出去逛街，不是聊老公孩子，就是聊衣服口红，似乎再也没有什么新鲜的话题了。她感觉两人的差距越来越远。有一次，她和同学聊起"比特币"，同学居然一脸茫然地问她："这是哪个国家的货币啊？是用什么金属做成的？"这样的提问让她哭笑不得。

人是群居动物，每个人都有属于自己的交际圈，老板有老板的圈子，管理者有管理者的圈子，艺术家有艺术家的圈子。在激烈的竞争社会，想让自己脱颖而出，除了自身的努力之外，还应该有意识地扩大自己的圈子，及时升级自己的朋友圈。

你可以结识以下几个行业的朋友，他们拥有极大的资源，可以给你最实际的帮助：

职业猎头，他给你提供一个机会，可能会改变你的职业生涯，甚至影响到你的一生。

银行职员，他的消息，能够帮助你更好地规避财富风险。

媒体记者，他的一篇报道，一个通告，就能够让你的公司或产品吸引众多眼球。

营销策划，他给你出一个点子，就能让毫无头绪的你，找到方向感。

艺术人才，他可以帮助你提升自己的艺术品味，让心灵更有质感。

除此之外，你可以将自己的人际圈子拓展到更多的领域，结识更多高素质人才。

升级自己的朋友圈，还应该远离以下三种人：

第一种是格局狭窄的“穷人”。

朋友小伟通过中介租了一辆车，车主是一位四十左右的中年男人。各种手续办完之后，中年男人打来电话说：“要注意用车啊，不要弄坏了，弄脏了，否则要赔钱。”

小伟以为中年男人只是比较爱自己的车，于是和他闲聊了几句，结果发现他只是小气。在闲聊中，小伟还得知中年男人有个中文系的儿子，正在找实习，正好小伟认识几位出版社的朋友，他还想将中年男子的儿子介绍给出版社，顺便交个朋友。

没想到，一周后小伟来中介还车，中年男子居然要扣掉两百元的押金。

小伟一脸诧异地问：“为什么啊？”

中年男子说：“你把车弄脏了，之前可没有这么脏。”

小伟说：“我可以给你五十元，你去把车洗一洗，其实之前也没有多干净。”

中年男子反而生气了，大声说：“开过去洗不用油钱吗？我的时间不是钱吗？”

小伟瞬间无语，只能赔给中年男子两百元。

中介公司的员工也看不下去了，事后便拉黑了那位车主。

小伟笑笑不说话，他还想给中年男子的儿子介绍工作，没想到中年男子是这样的人。

我们身边不是也有很多这样的人吗？他们以为占了别人的便宜，其实损失得更多。他们的思想是贫穷的，眼界是低窄的，格局是狭小的。所以，必须远离这样的人。

第二种是容易情绪化的人。

我们身边还有一些人平时总是表现得喜怒无常，一会儿因为一点小事哭得稀里哗啦，一会儿又因为一个笑话笑得前仰后合，一会儿又怒火中烧乱发脾气。

我们通常将这类人称为“情绪化”的人。你脾气大，你更厉害。面对这些情绪化的人，我们刚开始可能还会好心劝说，说一些安慰鼓励的话，可是发生的次数多了，我们会发现，这些人并没有想过要管理好自己的情绪，而只是想找个地方来发泄自己的不满。

我想你一定知道心理学上著名的“踢猫效应”吧？爸爸在公司里受到批评，心里憋了一通火，回家就把自己的坏情绪撒到小儿子身上。小儿子觉得十分委屈，狠狠去打沙发上盘成一团的小猫。小猫跳在街上，正好有一辆卡车开过来，司机紧急避让，却将爸爸的老板撞了。

其实，我们每个人都是“踢猫效应”链条上的一环，一方面在不断接收别人的坏情绪，一方面也在不断传递自己的坏情绪。受伤的人，往往也会去伤害别人。那些浑身都是负能量的人，除了会消耗你身上的热情，汲取你的养分，让你产生坏情绪以外，还能做什么？

所以，要学会远离这些情绪化的人，也远离他们身上的负能量。

第三种是不讲“义气”的人。

在很多人的理解中，“义气”则是狭隘的“为朋友两肋插刀”。其实，真正的“义气”应该是建立在事物正确适宜的基础之上，符合人们正确的世界观，而不是不分是非黑白，盲目地与朋友共同承担。另外，许多人还扭曲了“义”与“利”的关系。

中国古代思想家荀子说过：“先义而后利者荣，先利而后义者辱。”

一个人是否能够成功，要看他是否能够讲“义气”，通过“义气”去组建自己的人脉圈子。一个讲义气的人，必然是乐于助人、诚实守信、乐观积极的人。只有这样的人，才能在各种巧力中帮助到他人，同时也获得他人的帮助。相反，不讲“义气”的朋友，只会一味地索取，他们得到的东西永远不会比失去的多。对于这类人，也要学会远离。

你的朋友圈通过这样的筛选，取其精华，去其糟粕，最后留下的都是对人生有益处的人。

Part 7

创业：她时代，Enjoy yourself！

一个女人只有活出自己的风采，才能找到生命赋予女性的意义，就像穿普拉达的女王一样，在职场上开创属于自己的一片天地。那些走在创业路上的女人，心中有明确的方向，既吃得下生活的苦，也扛得住事业的苦，永远风驰电掣，又柔情万种。

创业，女人明白要趁早

这个时代，早已脱离了旧日的阴影，女人也不再是男人的依附。

在一百多年前的旧中国，女性还要裹脚，婚姻被包办，整天卑躬屈膝。而如今，女人可以自主创业，可以买自己喜欢的东西，可以自由选择自己的生活方式及配偶。

新时代给了女性更多机会，关键在于你自己的选择。

一位女性朋友发来邮件向我诉苦：

她最近很难受，每天加班很累，深夜回家还经常听到老公和婆婆的抱怨。他们认为，女人应该把重心放在家庭，放在老公和孩子身上，工作什么的并不重要。

她反驳说："我工作是为了尊严，不想每次伸手讨钱还要看你们的脸色！"

老公和婆婆因此对她更加反感，家庭氛围也变得紧张起来。

谁说女人就一定要把重心全部放在家庭琐事上，为什么女人就不能有自己的事业心呢？

有的女人喜欢安逸，认为不用工作，做全职太太是世界上最幸福的事情。

有的女人喜欢事业，总想创造属于自己的价值，证明自己的能力。

这两种生活态度并没有绝对的好与坏，只是每个人的选择不一样罢了。

我回复那位正在难受的女性朋友："你可以选择自己的活法！"

这个时代给了女性更多的发展机会，就看女性自己能不能够抓住。我一直鼓励身边的女性朋友，有能力就要自己创业，能力不够也要有一定的事业心，否则很容易被社会淘汰。

香奈儿的创始人加布里埃·可可·香奈儿曾自信地说："我自己决定想成为谁，这就是我。"

一个女人只有活出自己的风采，才能找到生命赋予给女性的意义。

有很多朋友问我，是如何走上创业这条路的？

我想，我和一般创业女性可能不一样。她们大多计划周全，每走一步都很明确，我却是机缘巧合，在想做事的那段时间，正好北京的第一家漫咖啡开业，经过实地考察后，觉得做咖啡不错，于是就坚持做了下来。

那时喜欢喝咖啡的人并不多，但是我心里相信，随着社会的发展，人们肯定会越来越接受咖啡文化。这也是创业的一个重要因素就是要有前瞻性，不要只看现在，而要看到未来趋势。

在创业的过程中，也遇到很多困难，首先心理上要承受很多压力，因为你必须对自己的家人负责，还要对员工负责，更要对自己负责。这一点说起来简单，做起来不容易。

其次，要学会管理员工，让他们有机会最大限度地发挥自己的能力。

有的员工技术精湛，有的员工头脑灵活，有的员工纪律性强。如何去利用这些人才，同样是创业能否成功的关键点。要记得，对待员工也要由内而外地看待，发现他们思想上的闪光点，让他们有机会从事自己喜欢的职位。

最后就是要有一定的格局与视野，要看到市场与时代的变化。

如果女人有能力自己创业，其实会给自己带来很多好处。

创业能让女人获得经济上的独立，避免过度依赖丈夫或家庭。同时，也能获得精神上的独立，因为创业过程中会遇到很多难题，这些难题只有靠自己去解决。

当一个女人不得不独自面对某些问题时，她才渐渐拥有了真正的独立性。

创业还能让女人更好地掌握自己的时间。很多女性创业者都会遇到时间上的问题，特别是那些每天花很多时间照顾孩子，忙于家务的女性，能够拥有的时间简直太少了。

我经常听到身边的女性朋友抱怨："每天下班回家，我就要守着孩子做功课，然后做饭洗碗，等一家人都上床睡觉了，才有一点属于自己的时间，但这时我已经很累了……"

如果是女性创业者，她将拥有更多自由掌握的时间，可以兼职或全职做，可以在家或办公室做，一切都在自己的安排中。我选择创业，很大一部分原因，也是因为不喜欢时间上的限制，工作做得再好，每天也有规定的工作时间，创业却能自己安排时间。

当然，创业的最大好处就是能够增强女人的自我价值感。

我见过不少女人因为事业上的成功，而让其自我价值感得到提升。她们与周围人的关系也因此得到改善，生活质量也提升了一个档次。她们总是满怀信心，做出最优的选择，在获得成功之后，又让自信心不断提高。这样的良性循环，能够让女人越来越成熟，越来越完美。

你肯定听说过，在很多跨国大公司里，女性员工都会被“玻璃天花板现象”所困扰。所谓“玻璃天花板”，是指由于性别的原因，女性在公司里的职位只能升到某个层次。

可在创业的世界里，女性不会受到限制，可以获得的成功也是无限大的。

如果女人没有能力创业，也应该有一颗属于自己的事业心，也要像企业家那样去思考和创造。在传统的认知里，女人应该将重心倾向于家庭、老公和孩子，其实两者并不矛盾，至少我见过很多事业风风火火，家庭美满幸福的女人。

或许很少有人能够成为香奈儿那样的传奇女性，但只要我们做出一定成就，在自己的世界里也是惊天动地的。女人明白要趁早，创业永远不是男人的专利。

克服偏见与非议，用努力证明自己

女人创业本来就很难，还要面对各种偏见与非议，这时强大的内心成了唯一的护盾。

新时代的女性渐渐走出了传统思想的桎梏，可是有的传统思想依旧如影随形，给女性创业带来各种压力。对于女性创业这件事，有的人内心存在偏见，有的人是善意提醒，有的人却是恶意打击。这时，创业者应该调整好自己的心态，用努力来证明自己。

无论你在什么行业，从事什么样的工作，积极的心态都比能力更加重要。

我在做漫咖啡的时候，遇到的困难比较少，家人也比较支持鼓励我。创业初期就做得比较好，朋友们也经常来帮忙。当然，这些“好现象”都建立在创业成功的基础之上。如果当初创业受阻，家人或朋友难免会产生一些偏见和非议。

其实，在我刚打算要做漫咖啡时，朋友也不支持，还担心我

会拉他们一起做。后来做好了，聚会时他们又埋怨我说："当初怎么不叫我们一起做啊，真是一个自私的人！"

我只能笑笑，不知道应该如何回应比较好。

当漫咖啡的分店慢慢开起来后，关于我的流言蜚语就更多了，有好的，也有不好的。

人的一生之中最可怕的便是受到偏见与非议吧！缺乏自信的人会在这些偏见与非议中失去自己，因此怀疑自己，认为自己真的如别人说的那么不济。其实别人的评价只是一种观点的表达，并不一定就是事实的全部。

这时候，你要相信自己是最好的，即便再大非议也无法打击你创业的决心。

你相信自己，知道自己的优势是什么，可它不一定得到别人的认可，甚至一些你引以为傲的资本，在别人看来却是一无是处。

面对他人的偏见与非议，你还能露出自信的微笑，继续坚持吗？

人是高等生物同样遵顺自然界的法则，自然界最基本的生存法则就是弱肉强食、优胜劣汰，因此生活中的明争暗斗比比皆是。更有一些人喜欢展示自己的优越感，喜欢嘲笑别人，这几乎是人的天性。

当你在展示自己的创业项目时，有的人会投来欣赏的目光，他们了解你的优势，也相信你的过人之处，他们就像你的"伯乐"一样。不过，也有的人眼里只有自己，而不会对你表示认可——哪怕你在某些方面确实比他们要强很多，他们也只会产生偏见，而不会认同你。

英国哲学家托马斯·布朗说过："当你嘲笑别人的缺陷时，

却不知道这些缺陷也在你内心嘲笑你自己。”那些总是喜欢嘲笑别人的人，往往自己也没有什么太大的建树，而那些总是被嘲笑的人，却往往能够打破人生的局限，用努力和成功证明自己。

以前上学时，老师便教育说：“要跳出自我的圈子，要客观地评价自己的优势。”

而多数情况却是：在家里你必须听从父母的意见，在学校里必须听从老师的意见，在工作中必须听从上司的意见。当这些人并不认同你的优势时，你是否会产生自我怀疑呢？

在这个世界上，最有资格评价你的人就是你自己，而不是他人或者绩效评估。也许你曾让他人帮助你寻找自己的优势，让他人留意你对所做之事的反应，可这一切都是徒劳无功。

最了解自己的人是你自己，最有资格对你的优势做出评价的人也是你自己。

当然，有人会给你一些建议，合理的反馈等等，这些都是你应该关注的。

在创业过程中，如何更好地克服偏见与非议呢？

第一，通过努力来证明自己，成功是最好的佐证。

如果没有太多条件的硬伤，任何领域都能够通过努力来获得成功的，这是不变的真理。比如我的嗓音条件有限，五音不全，如果想成为一名歌唱家，可能会很有难度。但是我想成为一名演说家、一名主持人，却是有可能的。

每个人都拥有不同的起点、不同的人生高度，可这并不是人生的最终高度，想要做好自己的事业，需要你的一腔热血，更需要你无所畏惧、风雨兼程。

你要知道，决定最终成败的可能并不是所谓的天赋或者人生的“起跑线”，而是坚持的信念加上不懈努力的实际行动。你一次的努力可能会无收获，但不会次次无收获。

对于那些从创业中退出的朋友，我只会告诉他们：“问自己两个问题：第一，在这个领域是否有天赋上的欠缺？第二，你付出的努力足够多吗？”

一个人的努力不是一蹴而就的尝试，而是日积月累的坚持。

第二，永远不要相信别人嘴上的人生，你的未来取决于你自己。

现实的世界就是如此，只要有人的地方就容易产生是非，只要人长着嘴巴，就会有偏见、赞赏或批评。如果你太在意别人的看法，就等于过着别人嘴上的人生，不仅无法获得事业上的成功，还会失去自己的个性或特色，无法让自己的潜能得到发挥。

一个人不要太在意别人说的话，饿了就吃，困了就睡，渴了就喝，开心了就笑，难过了就哭，想写东西就写东西，想休假就休假，想创业就创业。哪怕有人用语言批评你、否定你、攻击你，也不会让你失去自我。因为这个世界上唯一能够否定你的只有你自己。

女人要独立自主地活着，不被偏见和非议影响。做好自己的事业，过好自己的人生。

如水般的包容与韧性

女人如水，水是最柔弱的，无棱无角，又无形无状。水还有很强的包容性，能溶解很多东西。女人可以温情似水，也可以拥有如水般的包容与韧性，在创业中更应该如此。

表面上姹紫嫣红、千姿百态，内心沉静柔韧、海纳百川。

漫咖啡做成功之后，一些媒体记者跑来采访我，就像淘金者一样，想从我身边发掘出成功的秘诀。事实上，我并没有那么优秀，不像别人那样会来事，没有什么技术，学历也不高。

如果非要说点什么，那就是我够幸运，因为我遇到的人都很好，很踏实。我看到他们身上的闪光点，给他们发挥潜能的机会，所以漫咖啡的成功并不是我一个人的成功，而是一群人的成功。我所带领的那帮“小朋友”，他们将自己的优越发挥到极致，为公司付出很大。

在北京做市场考察的那段时间，我认识了一位广告公司的创意总监。

他是地道的北方人，性格豪爽，说话的嗓门很大。一次在咖啡厅聊天，他告诉我："最近在考虑辞职的事情，感觉自己在公司里快待不下去了。"

我问他："你们公司在北京可是数一数二的，辞职了你不会后悔吗？"

他皱着眉头说："没办法，像我这样年轻气盛，说话又直接的人，难免会得罪人。现在公司的人事经理对我意见很大，每次开会都批得我狗血淋头，你说我不辞职，还能待下去？"

"能啊！"我想了想，建议道，"如果你现在辞职走人，只会给别人留下'不敬业'的印象，永远没有机会来证明自己的工作能力，而且你们公司发展前景很好，你不必因为受到排挤而选择放弃。你们北方男人不都很大度吗？多点包容，忍一忍，把工作绩效做出来，在工作中汲取有益的养分，这样不是更好吗？"

他深思了一会儿，似乎认同了我的观点，缓缓地说："或许是这样的吧！"

一个月之后，我在太原忙着装修店面的事情，他忽然给我打来电话说："谢谢你当初的劝告，我忍下来了，没有冲动地辞掉工作，现在人事经理很尊重我……"

在那次谈话之后，他选择了埋头苦干，对经理的刁难也选择了包容。他以兢兢业业的工作态度堵住了人事经理的嘴，以实实在在的业绩赢得了公司上层的认可。

由于在业务上表现突出，没几年时间他就爬到了人事经理头上，成为公司里的创意总监。

一个人的包容性有多强，他的忍耐力就有多强，生活中，那些逞一时之快，说出或做出后悔之事的人多不胜数，而那些能够真正收敛锋芒，做到忍辱负重的人又有多少？

我很喜欢一句话："我们可能没办法阻止事情的发生，可是我们能够调整心态，能够决定这件事带给我们的意义。"同样的道理，我们不可能不受到心态的影响，但是我们能够改变心态，将消极状态变成积极的力量。

你既然选择了创业，就注定要承受更多的压力，要面对更多的困难，这时没有如水般的包容与韧性，肯定会被打垮的。在中国有一句古话："十年窗下无人过，一举成名天下知。"

每一位成功者，他的奋斗史都是一部辛酸的血泪史。

有一年平安夜，马云在"阿里巴巴社区大会"上说过这样的一段话："每个人都拥有简单而美好的初恋，所以第一次恋爱总让人刻骨铭心，其实梦想也和初恋一样，每个人的初次创业的梦想都是最美好的。可是很多人抱着美好的梦想，走着走着就不知道去了哪里……"马云的这番话当然是有所指的，因为在2001年网络泡沫破灭时期，马云带领阿里巴巴依然坚持自己的梦想毫不动摇，当时有三十几家网络公司都倒闭了，只有阿里巴巴一家幸存下来，并且逐渐成为了全球最大的企业间电子商务网站。

马云在鼓励年轻创业者时说过："每一个年轻的创业者都应该有自己的梦想，有了梦想之后还必须坚持下去。即使在最困难的时候，也要熬得住。只有坚持自己的梦想永不放弃，才有机会品尝到成功的滋味。"这样的韧性如流水般源远流长，也是创业成功的保障。

2017全球女性创业者大会，马云还说过："阿里巴巴成功的主要秘诀之一，就是我们有很多女性。女性做事比较犹豫不决，但一旦决定，她们的忍耐力，她们对错误的包容性超乎想象，她们真的是全力以赴地坚持去努力。”

马云对于女性创业的认可，会不会给创业路上的你一点动力呢？

其实，女人除了柔弱的一面，也有刚毅的一面，平静的水面之下，往往蕴藏着能量的暗流。男人可以力拔山兮，在瞬间爆发出惊人的能量，而女人可以绕指柔情，在润物细无声中获得成功。如果比不过爆发力，就比韧性，毕竟创业是一件需要长期坚持的事情。

有时创业也像带孩子，会越养越漂亮。

创业之初，必定异常艰难，左看不行，右看也不行，就像初生的婴儿一样。或许只有在你眼中，他才是漂亮的，其他人可能并不这样认为。任何创业项目可能都会经过一段艰难的时光，但是只要肯花时间和心血，认真投入、认真管理，之后便会成为一个很好的项目。

这样说来，女人拥有如水般的包容与韧性，也是一种创业优势。

你的包容，会换来内心的平和，持久的动力。

你的韧性，会支撑你走过最艰难的岁月，最终与成功邂逅。

创业就像跨栏，不断跨过它，而不是绕开它

一位做电子商务的朋友说："自从经营电子商务以来，给我最深的感触就是创业过程中总是遇到困难，创业就像跨栏一样，一道道阻碍需要跨越，跨不过去就输了。"

我很认同这样的观点，以前不觉得创业有多难，而自己真正去做的时候才发现创业之难。

当困难出现的时候，你无法选择逃避，更无法避开它，只能迎难而上，用自己的实力去解决它、跨越它。因为创业并不是一蹴而就的事情，而需要一个人的忍耐与坚持。

我知道心理学上有一个著名的"杜根定律"，它的提出者是美国橄榄球联合会前主席 D. 杜根，他说："强者未必都是胜利者，而胜利迟早会属于有自信心的人。"杜根定律告诉我们什么呢？只要能够接受最好的心理暗示，最后自己能够得到最好的结果。

你自己拥有多大的潜力，可能连你自己也不清楚。

当创业遭遇瓶颈时，你给自己积极的心理暗示：自己有能力

解决，困难并非自己想的那么强大。至少我是这样鼓励自己的，在自己的能力内可以解决的问题，都不算是问题。

心理学上还有一个著名的“跨栏定律”：一个人所取得的成就，往往取决于他所遇到的困难程度，也就是竖在你面前的栏越高，你就跳得越高。

创业也像跨栏，要学会忍耐，不要被眼前的高栏所吓倒。

问题的大小往往能够决定答案的大小，就像蚌能够将体内的沙子变成珍珠，而有的人能够将自身的局限变成自身的优势。

哪怕有些栏杆你没有跨过去，也不要认为自己是一名失败者。在创业过程中，大大小小的失败是不可避免的，如何在失败之后学会忍耐，并且从失败的经验中寻找未来的出路，才是你应该去思考的问题。失败之后，有少数人能够快速站起来，拍拍身上的尘土继续上路。多数人却会被失败打倒，在失败后久久消沉。

我看到很多失败的人，他们总是迫不及待地想要翻过这一页，仿佛自己的错误有多么不可原谅似的。

另外，你还应该学会给自己制定目标，每一道栏杆都可以是一个小的目标，而终点是最大的目标。新时代不需要盲目的人，如果没有目标，就会失去前进的方向和动力。而明确的目标会给你方向感，让你知道什么是自己应该做的，什么是自己不应该做的，到底为什么要去做，为了谁而做……所有的问题都有答案，因此也有了前进的激情。

创业对于女人来说可能并不容易，但是没有一个栏杆可以真正难倒女人。

向“网红”学创业

2012年，第一家漫咖啡在太原开业，并且迅速成为时尚男女的聚集之地。

那时候微博正火，而微信才刚刚兴起。我莫名其妙地就成了一名“网红”。很多人通过网络知道了我，他们在网上询问我的消息，发布我的消息，大家就开始传播，说漫咖啡的老板是一位美女。当我看到那些评论时，还感觉很懵：我怎么就成了“网红”呢？

有时走在路上，会突然跑过来一个人问我：“是不是漫咖啡那个美女老板啊？”

我感到受宠若惊，同时也震撼于网络的力量。通过网络传播，很多人都知道了太原有一家漫咖啡，太原的美女靓男也喜欢来漫咖啡坐，在漫咖啡玩自拍，然后发布到微博、朋友圈……

那时我才发现，太原的美女帅哥真多！偶尔，我自己也会在店里自拍，把浪漫的咖啡时光和美美的自己放在网上。

我想，创业也应该跟上时代的步伐，因为时代才是最重要的主导，你的想法再好，也必须与时代同步，否则很难获得成功。

“网红”也是时代的造就，随着互联网的不断发展，人们找到了一个更好的展示自我的平台，也给很多平民草根创造了“走红”的机会。我们总能看到一些“奇葩”或者“惊艳”的网络红人出现在公众的视野里，他们迅速走红的原因也很怪诞——有的发布几张“雷人”的自拍照，有的说一些愤世嫉俗或者让人跌破眼镜的言论，有的因为天生喜感的外形就走红网络，被称为“某某哥”“某某姐”，拥有一大批的死忠粉。

我认为，创业者也应该向“网红”学习。作为公司里的CEO，如果与网络连接失衡，便无法更好地推销自己的产品。每一位创业者都应该具有主导公司品牌形象和网络营销的能力。如果你是一名“网红”，在宣传营销自己的产品时会拥有很多先天优势。

中国古人曾说:“变则通！”创业者只有顺势而为，才不会被时代的潮流所淘汰。现今网络如此发达，任何人都有机会通过网络“走红”，如果你能吸引大众的眼球，能够获得更多的关注度，也就拥有了一个巨大的营销团队，在无形中推广了自己和自己的品牌形象。

一位创业者朋友开玩笑说:“如果陈胜、吴广生活在现在，肯定也会通过网络直播来宣传自己吧，肯定也能成为圈粉无数的网红大咖吧！”

很多人对于“网红”的印象可能并不好，只要说到“网红”，人们就会不自觉地联想到整容、炒作、哗众取宠。可事实上，那些表面上光鲜靓丽的博主和大V，他们在背后都付出很多努力。你能否成为“网红”，也要看自己有没有那样的实力和努力。

我很赞同网红女孩雪梨说过的一句话："网红让我们看到了哪怕是草根出身，也有可能实现自己的理想。但网红和任何一个职业一样，遵循一分努力一分收获的道理。"

现今"网红"之多，犹如过江之鲫，他们在网络上展现自己的艺术，展露自己的个性与才华，以获得足够多的粉丝与关注度，最终达到宣传营销的效果。

当然，"网红"创业具有很大的优势，同时也存在一些弊端。

创业者最终脱颖而出的资本，除了获取更多的关注度，做好推广营销，还有品牌与定位差异化。如果创业者太多，而"网红"不够独特、辨识度底的时候，就会逐渐走入同质化的恶圈。

这时，"网红"就可能变成一种负面形象，"网红"创业者的身份也有可能损害到品牌本身。"网红"创业可能是一条捷径，但是通过创业成为"网红"才是正道。

有的人会偏颇地认为，只要自己成了"网红"，就能做成任何事业。事实上,"网红"的影响力再大也远远不及"明星效应"，然而明星创业失败的案例比比皆是。

此外，互联网快速发展，作为互联网经济的一环，"网红"也很容易过气而被淘汰。因为在日新月异的网络环境中，用户和粉丝喜新厌旧是一种常态。"网红"更像是一种快餐式的消费，只要"网红"衍生出来的绩效指标与投资者的预估价值不符，就会被无情地淘汰。

这是一个残酷竞争的时代，"网红"创业也有一定的风险。所以，你应该向"网红"学会如何创业，同时也要以自己的品牌形象为核心，要让消费者觉得自己的产品值得他去买单。

跳出情感带给创业的“困境”

2017 年有一部热播电视剧《我的前半生》，里面有一位帅气男说:“数据是死的，人是活的，不应该用‘多年所学计算出正确结论’，而是应该用‘多年所学计算出人家想要的结论’……”

在职场上，抑或在创业过程中，理性与感性的选择，往往会决定事业的成败。

人是有情感的动物，尤其是女人，在情感方面通常比男性要丰富一些，所谓女人如水，大概就是说女人那种天生温柔、感性，但是又多愁善感的特征吧!

女人也因此比男人更容易感情用事。太冲动、太优柔寡断，便容易出现问题。

我曾经看过一则新闻:一位女士发现老公出轨，一气之下居然要带着女儿一起跳楼自杀，幸好被勇敢的消防员救回了性命。这种感情用事，确实可怕。

生活中，感情用事会给人带来困扰;创业中，有些情感同样造成“困境”。

创业并没有想象中那样“诗意”，成功了，你赚得盆满钵满；失败了，你赔得血本无归。创业者有时踌躇满志，有时心生绝望，在面对风浪中的波折时，如果没有一颗淡定自若的心脏，创业是很难成功的。我身边也不乏这样的例子：稍有成功便欣喜若狂，忘乎所以；稍受打击便一蹶不振，满心退缩；还有的人总是感情冲动，意气用事，想怎么做就怎么做……

这样的人去创业，只会走入无穷的“困境”，很难获得成功。

小莱是某服装品牌在山西地区的加盟商，后来她和朋友一起做自创服装品牌。我认识她的时候，她刚从加盟商的身份变成自主创业的新时代女强人。

在创业初期，她便发现自己的合伙人小雅有些问题——小雅是学服装设计的，两人的自创服装产品，都是由小雅来设计，但是小莱会参与其中，给小雅提一些意见。可小雅每次都固执己见，从来不听小莱的意见，为此，小莱总是很恼火。

一次，小莱来漫咖啡闲坐，和我聊起了这件事。

她说：“我快受不了小雅了，每次提的意见都不听，产品又不是她一个人说了算！”

我提醒她：“没有和小雅好好谈一下吗？人再固执，也会听听他人的意见吧？”

她摇摇头说：“已经谈过无数次了，每次都不欢而散。当初找她合伙，是因为我和她是好朋友，而且她也是学服装设计的。如果不是因为朋友关系，我早就和她翻脸了。”

我告诉她：“创业可不是谈感情的时候，如果双方意见不合，恐怕很难成功。”

她皱起眉头说："我就是太重感情了，害怕创业不成，反而伤了友谊。"

我说："那你自己想想，如何保护好友谊，又创业成功吧……"

她有些失落："太难了。"

后来，她和小雅做的自创服装品牌，由于服装设计缺乏新意，而以失败告终。

小雅因为投资亏损，而对她耿耿于怀，甚至不再和她联系。

创业失败，友谊告终，她失去的东西似乎太多了。而归根结底，还是因为她没有跳出情感给创业带来的"困境"。如果在创业中过于感情用事，最终有很大可能会走向失败。

人不可能没有情绪，任何人都有感性和理性的一面，并且两者之间没有明显的界限。可是，对于创业者来说，总是走入情感带来的"困境"，则会给创业项目带来灾难性的打击。

我见过不少创业者由于感情用事而造成了不可挽回的后果。有的人感情用事是与生俱来的，有的人是后来养成的，他们有个共同特点，就是想怎么做就怎么做，完全不进行理性的思考，也不讲究创业的规则性。这一点也是创业的大忌。假如创业者总是受到情感的负面影响，那么他的事业便很难成功。因为创业过程中会遇到很多问题，需要做出很多决策，头脑要时刻保持理智，而不是凭借自己的情感好恶来做决定。

当然，创业不能感情用事，但也并不是完全理性，不要失去感性的光辉。

创业讲究感性与理性的结合，我们可以根据具体情况来确定感性或理性的处理方式。有的老板喜欢打感情牌，那是他自己的管理风格，运用得当同样可以使团队良性发展。

我也见过一些创业团队，老板带领团队成员一同努力，有时加班到凌晨一两点。有时困得不行了，团队成员就全体起立，手拉手喊口号，或者一起做一套广播体操。

你说这样一个团队，如果没有感情作用在里面，如何坚持得下去？

不过，任何一个创业团队，想要往前走得更远，都要遵行一定的规则制度。一个对的人，只有站在对的位置上，才能由内而外地发挥出自己的天赋与激情。

这是一个讲究规则的社会，对于规则的理解和把握会直接决定一个人的生存现状。

在一个公司或者一个创业团队中，都有其特定的规则，员工在这些规则下工作和思考。有的规则是必须遵守的，也是不可改变的；有的规则却是活泛的，我们可以超越甚至改变它。一个忘记思考的人，会被规则卡死，工作受阻，事业无成。

伟大的恩格斯曾经说过："人类地球上最美的花朵是思维着的精神。"

在生活的迷宫中，所有的事物并不是静止不动的，包括规则也是时刻发生着变化。想要走出生活的迷宫，找到人生的康庄大道，就不能只是埋头忙碌而不懂得这个世界的规则。

一个有格局、有眼界、有能力的人，不仅懂得这个世界的规则，还知道把自己放在规则的内外。这才是真正拥有大智慧的人。在创业过程中，创业者同样应该利用规则来约束自己，跳出情感带给创业的"困境"。这样让感性与理性结合，最终将迎来事业的成功。

Part 8

跨界：世间最美的艳遇，是遇见另一个自己

从本质上来说，“跨界”是资源的整合、融合，通过自身资源的某一特性与其他表面上不相干的资源进行随机的搭配应用，可放大相互资源的价值。简单来说，就是从一个行业跨入另一个行业。每个人肯定都曾有过“跨界”的经历，人生也是一场跨界的“艳遇之旅”。

人生就是一场跨界的“艳遇之旅”

从华北传媒大学毕业之后，我和几位朋友合伙开了一家广告公司。这段创业经历比较简单，通过大学的专业技能取得了不错的成就。只是，当时的广告行业竞争压力太大，一些没有名气、缺乏创意的广告公司只能在夹缝里求生，公司开得比较艰难，但也能经营下去。

后来，在北京第一次听说“漫咖啡”这个品牌，便有了“跨界”的想法。

第一家“漫咖啡”在太原做起来之后，很快便火爆起来。管理团队也很优秀，接下来开了好几家分店，团队人员有凝聚力和战斗力，需要我打理的地方比较少，算是成了“甩手掌柜”吧！

那段时间，有了小小的成功，也有了更多属于自己的时间。

我开始思考人生，思考很多未知的问题，比如人是怎么来的？又要到哪里去？为什么我会有这样的经历？为什么我这一年做得很顺利？因为未知太多，所以开始学习中国传统文化，对于佛教和道教方面的典籍都有所涉猎。

尤其是在学习《易经》之后，我越来越感受到中国传统文化的博大精深。

对于中国传统文化的探索，算是我的又一次“跨界”之旅。

在学习《易经》的过程中，我越来越觉得中国传统文化的伟大。只是大多数年轻人更喜欢学习西方文化，而对中国传统文化不够重视。这一点让我觉得很可惜，因为中国传统文化更加历史悠久，思想深刻，而西方文化更像是快餐。

在这个讲究效率的时代，学习中国传统文化自然显得有些“无聊”。

不过，我始终相信，随着国学的复苏，中国传统文化也会流行起来。我也希望中国传统文化可以得到弘扬，并且愿意为此付出自己的最大努力。

与此同时，我自己也学会了如何面对人生，如何看待生活。

有媒体评论说，我是一个游走在创业和传统文化之间的跨界典范。

我确实从广告业“跨界”做了咖啡厅，然后又“跨界”开始研习《易经》。因为它们并不矛盾，也不会产生影响。我只是将自己的时间充分利用起来了，做“漫咖啡”，学习中国传统文化，不断学习新的知识，不断充实自己。

人生就是一场跨界的“艳遇之旅”，每一次勇敢的尝试，都会有全新的发现和未知的探索。难怪有人会说，“跨界”领域蕴藏着巨大的机遇。

在这个瞬息万变的社会中，所有重大的变化通常都出现在跨界领域。

自从人类诞生以来，就开始探索这个世界，不断发现这个世界的奇妙之处。如今科学发展已经到了一个临界点，很多科学领域，能够被发现的重大成果都被前人挖掘出来了，而未来的新发现，绝大部分都会出现在新兴的学科中，这就需要“跨界”人才来发掘。

我们能做的就是尽量做好自己，在自己的能力范围内进行“跨界”探索。

我有一位朋友在信息科技媒体供职，有时也会参加其他行业领域的活动，“跨界”体验不一样的感觉。半个月前，她激动地告诉我：“我每天都会坐车，却没有想过会受邀参加一家汽车公司的发布会。我还以为是他们请错了人。他却表示，汽车与信息科技关系密切，汽车品牌也希望能够得到更多科技类媒体的关注，我这才恍然大悟。”

那时，她在一家信息科技媒体当记者，经常从国内外搜刮资料写成汽车电子的主题文章。

对于她来说，从信息科技到汽车电子，也算是一场华丽的“跨界”之旅。

我半开玩笑地说：“那你记得重点说一下无人驾驶汽车的发展。”

她笑着说：“那是必须的吖，这段时间无人驾驶汽车的话题正火呢……”

其实，我也有过类似的经历：2017 年 4 月，我应邀参加了北京国际电影节，和许多明星一起走上了星光璀璨的红地毯。我还记得当晚穿了一袭米色长裙，配以翡翠首饰，想要彰显东方女性的温婉之美，更想通过这次活动，弘扬一下中国传统文化的魅力。

这对我而言，也是一种“跨界”之旅。我不仅享受到明星般的待遇，还有机会和吴京、洪金宝等明星大咖畅聊易经等传统文化，这让我十分开心。

我觉得自己是一位根植于中国传统文化的女人，无论我经历过多少次“跨界”之旅，我都不会忘记自己的根。它能让我不浮夸、不迷茫，不被世事的纷扰所动摇。

每个决定，都是当下最好的选择

人生的变数看上去不可捉摸，其实都和自己的决定有关。

当你站在人生的十字路口时，无论向左走，还是向右走，都会让未来的生活出现两种截然不同的局面。但无论你做出怎样的选择，只要是经过深思熟虑的，而不是别人替你做出的决定，那么就无所谓对错，更不在乎顺逆，它都是当下最好的选择。

“跨界”也是同样的道理——当你决定从一个行业向另一个行业进军时，只要经过缜密的决策，它就是当下最好的选择。在完全陌生的领域，你需要重新开始，需要付出更多努力，无论最后你是拥抱成功，还是遭遇失败，决定本身并没有对错。

如果你认为一个正确的决定可以面面俱到，那你就大错特错了，因为这在逻辑上是无法说通的，比如你决定往东走，就无法到达西边一样。

在你做出某个决定的同时，也意味着你必须放弃某些东西——为了出国留学而背井离乡；为了旅行而放弃安逸的生活；

为了大的利益而放弃小的利益。当你的决定显得万无一失。周全严密的时候，就要小心谨慎了，因为这说明你的决定已经偏离了正确的轨道。

人的一生不可能只停留在一个领域，而需要你随时做出“跨界”的决定。

朋友兰心跑来问我，关于投资影视项目的一些问题。我很中肯地给出了自己的意见，不过最后也只是一种“参考”，并没有成为她最终的决定。

在我看来，兰心是一位很有思想的女性，同时也是“跨界”的典范。

她出生在一个艺术世家，父亲曾是文工团的歌唱演员，母亲是文工团的化妆师，爷爷还是一位京剧表演艺术家。按理说，她的“艺术天分”很高，应该学习文科，考入艺校才对。

可是，当时的父亲认为，艺术并不值钱，自己在这个行业也没有多大出息，于是鼓励她学习理科，还说“有理，才能走遍天下！”就这样，她最后考入了大学的理科专业。

虽然大学里学的都是一些和艺术无关的枯燥课程，可她身上的“艺术天分”并没有被埋没。她成了大学里的文艺骨干，经常参与学校里的文艺活动。

大四快毕业时，她在一次歌唱比赛中，被唱片公司看中。当时，她有一种马上要“一炮而红”的感觉，兴奋得睡不着觉。不过，当她听到发行一首单曲要二十万元时，内心的渴望立刻被浇灭了。她的家庭并不富裕，家里还有一个上高中的弟弟。她最终决定放弃那次机会，先赚钱。

大学毕业之后，她进了一家制药集团，拿到了人生中的第一个“铁饭碗”。

工作中，她很努力，也很勤奋，工资比当时的“白领”还高。不过，她觉得自己的工作太无聊了，每天都做着类似的事情——拟订合同、打印文件、与客户交谈等等。

她想象了一下，如果一直在这里工作，十年之后的自己会变成什么样子？她应该在制药集团继续无聊的工作，浪费自己宝贵的生命，还是选择“跨界”去做一些自己喜欢的事情呢？

她决定寻找属于自己的天空，既能赚钱，又能发挥自己的特长爱好。之后，她开始留意一些和艺术相关的工作。有一次，她去人才市场转悠，正好看到一家美容公司的招聘广告，她便毅然放弃了自己的“铁饭碗”，跑去那家美容公司做总经理助理。

这次“跨界”之旅，让她看到了不一样的天地，她也更加坚信自己的决定是最好的选择。

在做助理期间，老板发现她具有销售和营销策划的才能，便将她调往公司旗下的连锁店出任店长的职位。成为店长之后，她利用自己理科生的特长，将店里的员工、物品和客户，都进行了信息化管理，又利用自己的“艺术天分”，将店面重新布置，并且策划了一些艺术活动来吸引顾客。短短两年时间，她就让那家店的营业额翻了十倍，深得老板的青睐。

在美容行业内取得的成绩，树立了她的自信心，也刺激了她体内的艺术细胞。

她对于美的追求越来越强烈，渐渐不能满足于让客户的皮肤变好，而开始关注客户的整体形象塑造。她认为，一个人的形象不仅仅在服装、化妆、发型等方面，还应该包括行业举止、表情声音等方面。这时，她又做了人生的又一个重大决定——她想去学习形象管理。

她辞掉了店长的工作，去北京奋斗，成为“北漂”一族。

在形象管理行业，她完全是一位新人，幸运的是去北京没多久，她便进入了一家形象管理集团。在那里，她的“艺术天分”得到了充分发挥，在为客户做形象设计时如鱼得水。

一年之后，她的客户满意度是整个集团最高的，她在行内的名气也越来越大，包括中央电视台、地方电视台举办的一些晚会，都点名让她做形象设计。

在积累了一定的经验、名气和财富之后，她创办了属于自己的形象管理公司。

从打工者到创业者，再到成功的女性企业家，她只用了短短的几年时间。

最近，她又打算“跨界”投资影视项目，因为她上大学时想过当导演。如今影视业一片火热，她想通过投资网络电影和网络剧，来给自己的公司打广告。

当她向我咨询影视投资方面的问题时，我给她提出了一些意见，最后还是她自己做出了决定：“做吧，我觉得可以联合其他优秀的品牌一起开发网络电影衍生品……”

我不知道她这次“跨界”能否成功，不过她所做出的决定，肯定是当下最好的选择。

我很钦佩她的才能，能够在各种行业间自由穿梭，游刃有余。

我还记得她说过的一句话：“人生苦短，何必将就！人的生命岂能用长短来衡量，如果没有尽情地燃烧过，怎么敢说自己真正活过呢？”

人生的定数你可能无法改变，人生的变数却始终掌握你在手中。

跨界就是突破自我，遇见更好的自己

2018 年 3 月，大学的几个好闺蜜组织了一场聚会。这还是毕业多年后第一次相聚。

以前姑娘们青涩得像一株含羞草，谁碰一下都会瑟缩起身子，脸上浮出一片红晕。现在大家都浓妆艳抹，更像妖娆绽放的蔷薇花，举手投足间透露出成熟女人的迷人气质。

见面后，大家都很兴奋，聊了很多，海阔天空地聊，一边追忆自己的大学时光，一边谈自己的现状，好像长时间的分别也没有让彼此变得陌生起来，反而有一种久别重逢的亲昵感。

“哎，你们还记得以前班上那个女学霸吗？她现在过得怎么样？”突然有人惊呼道。

“你说的是江雪吗？”

“对对对，就是她，她现在如何啊？”

“听说，她现在一个三线城市做公务员，结婚生子了，去年还生了二胎，现在过着平淡且滋润的小日子……”

“你确定她过得滋润吗？”又有人质疑说，“我有她的微信，看她朋友圈的照片，样子挺憔悴的，好像和老公的感情也不是很好。”

闺蜜们开始为这个女人感到惋惜，因为她曾是班里“最有前途”的女生。我也对她印象深刻，还记得在一次班会上，她信誓旦旦地说过：“以后，我要站在以色列希伯来大学的环形剧场，向你们炫耀我的成功。”

大家不明白，她为什么非要站在那里，后来她解释说，那里被称为“梦想开始的地方”。

只可惜，她并没有实现自己的梦想，甚至没有去过以色列。

我记得余华先生曾说过：“为了不让真理的路上人满为患，命运让大部分人迷失方向，尤其是女性，女性是最容易丧失自我的，首先是爱情，其次是婚姻家庭。我们终其一生熬夜学习，经营人脉，种种的努力，都是为了让自己不在种种洪流当中，不落后于这个阶段应该成为的自己，更不要因为自己是女生就放弃努力。”

一个女人如果被生活的琐碎牵绊住，自愿放弃努力和进步，就等于落入了洪流之中。

有的女人却恰恰相反，她们不断努力，不断进步，不断突破自我，遇到更好的自己。她们在一个领域取得非凡的成功之后，又会“跨界”到另一个领域，从零开始，继续追求成功。

跨界就是突破自我，就是不断扩大自己的知识范围，从而拥有更高的追求，在未知的领域内拥有更加强大的征服欲望。

在勇敢跨界的时候，她们不断地突破自我，改变自我，提升自我，让自己的能力在一次又一次的尝试中得到提升。在她们的世界里，那些不可能实现的事情，终究会变成现实，因为她们拥有了实现它的先决条件，那不是先天的，而是一种后天的意志。

奥普拉·温弗里是我最喜欢的“脱口秀女王”，她所主持的节目曾经连续23年稳居美国脱口秀节目的头把交椅，歌手张靓颖就是她的小粉丝。

奥普拉在脱口秀领域获得了巨大的成功，但她并没有满足于此，而是跨界于其他领域，不断突破自我，超越自我。她所获得的任意一个成就，都是女人奋斗终生的目标。

她的脱口秀节目开播时，每天都能吸引最少700万名观众；

她是美国最有钱的黑人女性——她的年收入超过2.7亿美元，身家超过23亿美元；

以她的名字冠名的杂志，每个月的销量都超过250万册；

她的读书俱乐部所推荐的每一本图书，都可以迅速登上畅销书的榜首；

她被邀请出演过大导演斯皮尔伯格的电影，而且第一次触电就得到了奥斯卡的青睐，获得了当年奥斯卡最佳女配角的提名……

她还被美国《时代周刊》评选为“世界最有影响力的100人”之一！

每一次跨界，她都能获得前所未有的成功，被无数光环所围绕。她获得了太多成功，同时也“忘记”了太多成功，每一次忘记对于她来说都是新的起点。

有一次媒体见面会上，有记者问她：“你觉得自己成功吗？”

她回答说：“我曾经获得过成功，但是它们都离我远去了，所以我要不断突破自我，才能拥有真正的成功！”

“忘掉成功，才能突破自己！”这就是奥普拉的成功定律，也是一种人生境界！

奥普拉曾经说过，“一个人不能只为自己而活，不能只活在自己的成功里”“生活都互动的，要懂得不断突破”“只有跳出自己的光球，才能获得真正的成功”。可见，奥普拉心中的“成功”，是与自己心灵的对话，是不断地跨界，不断地超越自己。

如果你现在仍然在原地踏步，无法突破自我，就应该学习一下奥普拉的积极心态。

当你在一个领域获得了成功，不要停滞于此，要学会给自己的成功归零，然后跨界另一个领域。只有这样的“空杯心态”，才能不断刷新自己的起点，才能获得一次又一次的成功。

有格局与没有格局的人区别在哪里？前者眼界开阔，不会只看到自己的成败与得失；后者眼中只有自己，总是沉溺在过去的成败与得失之中，目光十分狭隘。

每个人的生命中必然会经历无数的成功与失败，如果无法以正确的心态去面对成功带来的荣誉与失败后的创伤，那么将永远无法活得轻松自在，永远无法成为众人追捧的爆款。

成功的女人，只有忘记自己的成功，时刻保持“空杯心态”，才能不断突破自我，塑造更大的格局，取得更大的成就。那些真正成功的女人，永远不会沉溺于过去，不会见人就说自己有多成功，自己曾取得过什么样的成就。

“空杯心态”又被称为“归零心态”，如果你想拥有更大的格局，获得更大的成功，就不要故步自封，在一个领域停滞不前，而应该将自己想象成“一只空着的杯子”，只有将自己归零，才能保持不减的激情，才能时时跃升。

生命在此刻重新打开，一切都是崭新的开始，你可以在空白处写下任何故事。

当你真正突破自我的时候，就会遇到更好的自己。

别怕落差感，它会升华你的人生

我听说爱斯基摩人相信一个传说：

人只要到晚上入睡时，就会死去，第二天清晨再度复活，获得全新的生命。所以爱斯基摩人总喜欢对别人说自己只有“一天大”。而且无论现实多么残酷，他们总能够保持微笑，把每一天都当成生命中的最后一天来度过……

如果爱斯基摩人真是这样，那他们每一天都会经历“跨界”之旅。

有人问我：“跨界最难的是什么？”

我回答：“最难的是跨界之初，在全新的领域发现自己什么都不会。”

毕竟我们不是爱斯基摩人，没有太多“丰富”的跨界经历——进入全新的领域，你必然会产生落差感，自己突然从一个领域的巅峰人才，变成了另一个领域最底层的新人，这样的落差可不是人人都能够接受的。

假如你能够不念过去，不畏将来，或许才是跨界最好的状态。

念旧并不是一件坏事，可是一心沉溺于过去，让自己心生纠结，放不开，放不下，就会影响到人们的生活。有人说，念旧的人就好像一个拾荒者，所以他们特别容易难过。

为什么不放下过去呢？放下过去的成功与鲜花，才能保持归零的心态，不断进取，获取更大的成就；放下过去的不如意，才能以更好的心态去面对当下的生活。生命更是一列限载的列车，无法承受太多现实之重。放下痛苦，才能和快乐结伴；放下贪欲，才能走得轻盈。

我认识很多跨界女性，她们有的在多个领域都获得了巨大的成功，有的却在某个领域碰壁，跌入人生的低谷。从人生金字塔到人生低谷，没有一颗强大的内心，肯定无法接受这样的落差感。当然，最终跨界成功的女性，哪怕面对跨界后的落差感，仍旧勇敢无惧。

菲儿是我见过的，内心最强大的女人。

她的老家在黑龙江。每年冬季，家乡下起大雪，就会变成一个冰天雪地的世界，让人感觉浪漫又纯洁。她小时候的梦想是当一名漫画家，把家乡的雪景画下来，做成一本画册。

只是，孩子的梦想很少能够实现，当年梦想成为科学家的孩子，最后可能成了保安；而那些想成为医生、警察、太空超人的孩子，最后可能去卖水煮鱼了。

她也没有实现自己儿时的梦想，而是听从老爸的意见，高考时报考了声乐。

她在声乐方面也很有天赋，最终考上的中国音乐学院声乐教育系。

大家都以为她毕业后肯定会成为一名歌手，可惜她们那届没有什么名人，也没有谁成了歌手。其实歌手这个领域，往往需要量低，饱和量高，最终能够脱颖而出的人太少了。

毕业之后，她也没有像同学一样，做声乐老师或幕后工作，而是做了一名财务工作者。

老爸对她说："既然没办法成为登上大舞台的民族美声歌唱表演艺术家，那就踏踏实实地待在我们身边，找一份稳定的工作做下去……"

事实上，她并不适合财务工作，因为她从小就害怕数理化，对于数字的概念十分模糊。而且做财务工作需要特别细心，她又不是一个会精打细算的女人。

这是她第一次产生落差感，从声乐学习者到财务工作者。对她而言，做财务完全和自己的专业无关，一切都是从新开始，一切都异常艰难。当时唯一支撑她的信念，就是家人费了很大精力才将她送进这家著名的国企，她不想让家人失望……

虽然她不喜欢这份工作，但还是努力学习，最后还拿到了中级会计师证书。这时，她的收入稳定，每天都是简单地重复同样的生活，然而这并不是她想要的。

她不想安于现状，安于平凡，于是报名参加了一个网络选秀大赛。

当时的网络没有现在这么发达，网络上的选秀大赛也很新奇，只要一张照片，填写个人资料，看谁的点击率高，就能够去北京参加比赛了。

她很幸运，也因为她具有亲和力的外表，获得了极高的点击率。

在北京的比赛中，她一鸣惊人，顺利通过了初赛和复赛。最后，她用优美的歌声征服了评委，获得了去马来西亚参加决赛的资格。

虽然在决赛她同样表现出色，不过并没有得到冠军。

这次比赛经历除了让她的知名度大大提升以外，还让她找到了自信心。

从马来西亚回来，她又参加了深圳电视台举办的一场主持人大赛，并且获得很好的名次，最终被一家地方电视台选中，成为了一名电视主持人。

从财务工作者到电视主持人，这次“跨界”同样让她产生了落差感。

第一次录节目的时候，她对着镜头眼睛都不知道往哪里看，手也在发抖。几句简单的播放，她录了整整十几个小时，还好当时带她的老师很有耐心。

主持人做了两年，她的经验变得丰富了，也有了较大名气。

这时，她又被另一个问题困扰：主持人的“好时光”也是有限的，如果哪一天她不再年轻了，是不是只能退居幕后呢？她是一个骄傲的女人，肯定无法接受那一天的到来。既然如此，她只能找到可以为自己拼搏一生的事业。

于是，她想到了珠宝，这个自己喜欢，又能为之奋斗一生的事业。

这又是一次“跨界”之旅——从光鲜亮丽的主持人，到一无所知的珠宝商人，这中间的落差感又有多大呢？她是被命运眷顾的幸运儿，她所选购的第一批珠宝，很快就销售一空。这也坚定了她的信心，让她有勇气继续做下去，直到某一天成为一名真正的珠宝商人。

现在，她每天待在自己布置的优雅的工作室里，设计、经营自己的珠宝，为数以万计的客户提供服务。她从小小的珠宝商人做起，到引入国际珠宝品牌，到自己设计珠宝，每一次进步都经历过艰难险阻，如果没有一颗强大的内心，她早就失败而终了。

面对跨界过程中一次又一次出现的落差感，她并没有被打败，而是努力向上，不断升华自己的人生。这样一位女子，凭什么不成功呢？

跨界，社交思维是关键

我听说，有人把“跨界”比喻成“时间沙漏”，跨界的人就像沙漏中的沙子，从一个空间落入另一个空间。我认为这个比喻并不贴切，因为沙漏中的沙子是孤独的，跨界却不是只靠自己一个人能完成的事情，有时还需要借助身边的人或资源。

因此，跨界还有一个关键点，就是拥有社交思维。

如果你要跨入某个全新的领域，正好又认识这个领域内的高级人才，他自然会给你极大的指引和帮助。这也是很多创业者重视人脉积累的原因。哪怕你没有这个领域的朋友，也不得不和这个领域的人成为朋友，因为你不可能不与人合作交流。

跨界中的社交思维，就是与全新领域的人打交道，向他们学习，和他们成为朋友。

如果跨界者缺少应有的社交思维，可能就只会在全新的领域里处处碰壁。其实不仅跨界，创业者在任何时候、任何阶段，都应该有意识地培养自己的社交思维。

薇薇是我学习《易经》时认识的朋友。她还在曼哈顿大学读硕士，前段时间回国，专门去听《易经》课程。我和她坐在一起，课后交流会上聊得挺投缘，便成了好朋友。

她的年纪很小，却已经是一位成功的创业者。

她自己创办的社交礼仪公司，在曼哈顿做得非常棒，学员大多都是美国上流社会的人。

不过，和她聊天后才知道，在高中以前，她只是一个不懂社交的傻女孩。

小学毕业之后，她随经商的父母来到曼哈顿生活。起初，文化上的差异和语言上的不通，让她从不敢开口和身边的同学说话。直到高中，她才渐渐意识到自己应该大胆地结交朋友，而不想再像初中时那样形单影只了。

高中的英语老师鼓励她多开口说英文，她努力这样去做了，每天都主动找同学搭讪聊天。这样一天天坚持下来，她发现身边的同学都很有意思，也渐渐结实了一些朋友。

高中里有一个舞蹈俱乐部，为了认识更多的朋友，她也加入了。在大家练习舞蹈疲惫不堪的时候，她总是会主动给大家买水喝。这个小小的举动，让她赢得了所有人的喜欢。她的社交圈子，也因此变得越来越大。在舞蹈俱乐部里，她还结识了曼哈顿市长的女儿。

有趣的是，她们还一起考进了曼哈顿大学，并且在同一个系。

大学期间，她一边学习专业课程，一边学习社交礼仪知识。从刚开始的礼仪演讲，到后来的开课培训，最后创办了属于自己的社交礼仪培训公司。

在创业的过程中，给她最多帮助的便是身边的朋友。

她的社交圈因此渐渐扩展，像滚雪球一样越滚越大。现在，她还在曼哈顿大学读硕士，但是她的人脉圈却已拓展到了曼哈顿的上流社会。

不得不说，正是社交思维，铸就了她的成功。

我有另一位朋友，他原本在一个小县城做医药经销商，后来想跨界去考市里某部门的公务员。经过一番努力之后，他总算通过了笔试，之后便是面试阶段了。

这时，他开始担心，害怕自己面试不通过。他在想，是不是应该送一点钱或者什么礼物给那些高官们，可是自己又拿不定主意。

为此，他专门跑去问我，应该怎么做？

我很认真地告诉他："现在多得是有钱人，就算是送礼都不一定能找到路子。有些人走上好多家，个个都是'清官'，就是不收礼，也不帮你办事。"

他皱眉说："现在想找人帮忙都这么困难吗？"

我笑了笑，说："也不是说这些官员真的都大公无私，只是他们害怕东窗事发，怕收了礼会留下后顾之忧。还有就是求人的方式不对，没有打动他们的心。"

他说："我想起了自己的同学，高中毕业后去了部队，部队转业后一直等着分配工作。可是等了将近一年时间，都没有一点迹象。他的父亲为了让他早点分配到工作，掏出 10 万元，可怎么也送不出去，最后还是他自己去找到工作的。"

我点了点头，表示事实正如他所说的那样。

"那要怎样求人才不会被拒绝呢？"他有点焦灼地追问道。

"怎么求人，还是看自己的理解，比如有的人就喜欢厚脸皮，不管对方是红脸还是黑脸，都保持同样的心态。”我只能告诉他，自己的一些社交心得，“当然，你也可以用其他的方法，比如套近乎、博同情等等。”

他像真的受教了一样，又好像仍旧不知道应该怎么做。

最后，他送钱、送礼都失败了，只能硬着头皮上阵，没想到却通过了面试。

在跨界过程中，我们总会遇到各种事，大事、小事、好事、坏事，在这些是是非非中，有求于人是再正常不过的事情了。如果没有社交思维，便很难将事情处理好。

跨界，往往最有机会诞生创新

如果一个人长期处于同样的环境中，做着类似的事情，那他的大脑很容易便会陷入固定的思维模式中，从而失去创新的可能性，而“跨界”融合，往往有机会诞生创新。

在这个瞬息万变的商业社会中，创造价值与新意的最大源泉，就是跨界融合。

如今，一些超级品牌也开始转向跨界融合，所以当你听到身边的朋友说：“去范思哲喝咖啡，去香奈儿餐厅吃饭，乘坐阿玛尼的游艇时……”千万不要惊吓，也不要觉得朋友是异想天开，因为大牌跨界，业务延伸，让这些事成为了可能。

至少我知道，Zippo 集团早在几年前就在青岛的万达广场开了一家服装店，没错，那就是 Zippo 男装。所以你不要以为 Zippo 就是打火机品牌，它也可以“跨界”做服装店。

那些认为 Zippo 就是打火机的人，其实只是陷入了固化的思维模式中。

固化的思维模式对于一般的工作和学习都是有益处的，它能够让你在处理同类问题时少走弯路，不过在全新的时代，遇到全新的问题，需要创新的时候，它又会成为一种束缚，阻碍你突破陈旧的观点，找到新的解决方法。

现代社会日新月异，只有不断给大脑充电，不断涉足全新的领域，学习全新的知识，才有创新的可能。如果不懂得给大脑注入全新的思想，你就无法摆脱已有的条条框框，更无法获得全新的动力，并且创造性地去解决问题。

社会在不断发展，所有的事物并不是静止不动的，而是时刻发生着变化。想要在这个充满机遇与风险的时代脱颖而出，就不能用陈旧的思想去理解和看待身边的一切，而应该学会打破自己的思维定式，运用创新发展的方法去解决问题。

有的人跨界之后，来到新的环境、面对新的问题，就会不知所措，最终导致失败。这些人可能从未想过给自己的大脑充电，不断注入新的知识与观念。要知道，成功者的思维肯定不是单一而固化的，那些生活中条条框框里的人，最终也只会将生活变成“牢笼”。

在竞争无比激烈的现代社会，只有那些拥有创新思维的人才能够脱颖而出，成为时代的爆款，成为跨界的典范。无论什么行业，都离不开创新人才。

工作中有了创意，便能开拓全新的发展领域；商品有了创意，往往会热销不止；艺术作品有了创意，会产生更强的感染力；广告有了创意，会让更多人接受并认可……

一个人的创新能力不仅仅来源于天生，还在于后天的培养，而跨界融合正是激发人类创新思想的源泉。如果你无法运用好创新思维，就会被自己的经验所束缚，始终都在做一些机械化的思维运动，因此想要获得突破性的成功也变得困难了。

一个人的时间与精力毕竟有限，不可能经历大千世界的太多事情，这时候积累就来源于书籍，只有多学习，才能让自己的创新能力更强。

2014 年 ALS 冰桶挑战火遍全球，并且在国内也掀起了轩然大波。

只要打开网页，无论微博还是朋友圈，都是冰桶挑战的视频和图片。我们不仅看到普通人在挑战，连科技界的周鸿祎、雷军、李彦宏这样的大佬们也在挑战的行列中。

之后，娱乐圈的明星们也纷纷加入挑战，使“冰桶挑战”的热度持续上升。

为什么“ALS 冰桶挑战”会如此之火呢？因为它具有十足的创意。

通过这样有创意的挑战，人们才知道 ALS 的中文全称是“肌萎缩侧索硬化症”。波士顿学院著名的棒球运动员皮特发起了冰桶挑战，才能够让大家关注到这一疾病。

所以，“ALS 冰桶挑战”是一次正式的公益活动。你可以想一下，如果没有“冰桶挑战”这样的创意，又有多少人会关注到这种疾病呢？又有多少人会伸出援助之手呢？

“ALS 冰桶挑战”引起了全球关注，因此也筹得了不少善款，帮助到很多肌萎缩侧索硬化症患者。这次公益活动的成功，也算是彰显创意的最好案例了。

创新思维是大脑与思想的产物，所以要培养自己的创新能力，就必须培养自己的想象力与思维能力。跨界融合也是一种大脑思维组合创新的方法。日本科学家菊池诚博士说过：“我认为创新有两种方法，一是全新的发现，二是把人们已经知道的其原理的事实进行组合。”

很多创造学研究者也认为，创新就是将人们认为不可能组合在一起的东西组合到一起。比如不同领域不同性能的东西也可以进行组合；两种事物可以进行组合；多种事物也可以进行组合。组合方式可以是简单的联合，也可以是结合或混合。只要是你能够想到的组合事物及组合方法，都有可能会产生创新。

跨界，让你有机会学到不同领域的知识，它们会与你的经验相融合，最终实现创新。